中国藏传佛教建筑

徐　潜／主编

张　克　崔博华／副主编

栾玲玲　运梅园／编著

吉林文史出版社

图书在版编目（CIP）数据

中国藏传佛教建筑 / 徐潜主编 . —长春：吉林文史
出版社，2013.4

ISBN 978-7-5472-1562-3

Ⅰ.①中… Ⅱ.①徐… Ⅲ.①喇嘛宗-宗教建
筑-西藏 Ⅳ.①TU-098.3

中国版本图书馆 CIP 数据核字（2013）第 071159 号

中国藏传佛教建筑
ZHONGGUO ZANGCHUAN FOJIAO JIANZHU

出 版 人　孙建军

主　　编　徐　潜

副 主 编　张　克　崔博华

责任编辑　崔博华　董　芳

装帧设计　昌信图文

出版发行　吉林文史出版社有限责任公司（长春市人民大街 4646 号）
　　　　　www. jlws. com. cn

印　　刷　三河市燕春印务有限公司

版　　次　2014 年 2 月第 1 版　2021 年 3 月第 3 次印刷

开　　本　720mm×1000mm　1/16

印　　张　12.5

字　　数　250 千

书　　号　ISBN 978-7-5472-1562-3

定　　价　33.80 元

序　言

　　民族的复兴离不开文化的繁荣，文化的繁荣离不开对既有文化传统的继承和普及。这套《中国文化知识文库》就是基于对中国文化传统的继承和普及而策划的。我们想通过这套图书把具有悠久历史和灿烂辉煌的中国文化展示出来，让具有初中以上文化水平的读者能够全面深入地了解中国的历史和文化，为我们今天振兴民族文化，创新当代文明树立自信心和责任感。

　　其实，中国文化与世界其他各民族的文化一样，都是一个庞大而复杂的"综合体"，是一种长期积淀的文明结晶。就像手心和手背一样，我们今天想要的和不想要的都交融在一起。我们想通过这套书，把那些文化中的闪光点凸现出来，为今天的社会主义精神文明建设提供有价值的营养。做好对传统文化的扬弃是每一个发展中的民族首先要正视的一个课题，我们希望这套文库能在这方面有所作为。

　　在这套以知识点为话题的图书中，我们力争做到图文并茂，介绍全面，语言通俗，雅俗共赏。让它可读、可赏、可藏、可赠。吉林文史出版社做书的准则是"使人崇高，使人聪明"，这也是我们做这套书所遵循的。做得不足之处，也请读者批评指正。

编　者

2012 年 12 月

目　录

布达拉宫

　　布达拉宫坐落在西藏首府拉萨市区西北的玛布日山（红山）上，它是一座规模宏大的宫堡式建筑群。布达拉宫最初是松赞干布为迎娶文成公主而兴建的，17世纪重建后，布达拉宫成为历代达赖喇嘛的冬宫居所，也是西藏政教合一的统治中心。布达拉宫整座宫殿具有鲜明的藏式风格，依山而建，气势雄伟。布达拉宫中还收藏了无数的珍宝，堪称是一座艺术的殿堂。

一、布达拉宫的美丽传说

在神秘的青藏高原，有一组当今世界海拔最高、规模最大的宫殿式建筑群，它就是雄伟壮丽的藏传佛教宫堡建筑——布达拉宫。

"布达拉"，是梵语的音译，又译作"普陀罗"或"普陀"，原指观世音菩萨所居之岛，因而布达拉宫俗称"第二普陀罗山"。布达拉宫是西藏的骄傲，在西藏这块超脱、清新的土地上，布达拉宫留给了后人太多的感动。

（一）文成公主联姻吐蕃

布达拉宫虽然是藏传佛教典型的宫堡建筑，但同时也保留有汉族建筑雕花梁柱等特色，它是一千三百多年前藏汉联姻留下的印迹，同时也是藏汉民族团结的历史见证。无论是藏族还是汉族，人们都在传说着一千三百多年前那个美丽的故事。

7世纪，西藏当时正处于吐蕃王朝时期，藏王松赞干布勤政爱民，吐蕃日益强大。这时候，正是唐太宗贞观年间，松赞干布非常羡慕唐朝的文化，要和唐朝建立友好的关系。634年，他第一次派遣使臣前往长安访问。唐太宗很快就派使臣回访，从此，汉藏两族的关系就越来越亲密了。

不久，松赞干布派使臣带着丰盛的礼物，到唐朝向皇室求亲，唐太宗没有同意。使臣回到吐蕃，怕受到惩罚，编了一通假话，说："我刚到唐朝的时候，受到隆重的欢迎，他们同意将公主嫁给大王。后来吐谷浑王也来求婚，唐朝天子又不同意了。看来一定是吐谷浑王在中间说了坏话。"

松赞干布非常生气，吐蕃和吐谷浑两国本来就有摩擦，他又听信了使者的回报，更加怨恨吐谷浑。他马上出动二十万人马进攻吐谷浑。吐谷浑王看吐蕃军攻势很猛，抵挡不住，就退到环海一带。

于是松赞干布又派使臣带着厚礼去

长安，并且扬言："我们是来接公主的，如果不把公主嫁给我们赞普，我们的军队就要攻打长安！"

唐太宗派吏部尚书侯君集带兵讨伐吐蕃。松赞干布骄傲轻敌，结果被打得大败，收兵退回逻歇。松赞干布看到了唐朝的强大，既害怕又佩服。640 年，他派大相禄东赞带着黄金五千两、珍宝数百件，经过数千里的草原，再一次到长安求婚。

唐太宗有二十一个女儿，但是年龄大的已经出嫁，年龄适宜的又不愿意去，因为吐蕃地处偏远，气候寒冷，又不是同一个民族，生活习惯不一样。

唐太宗有些犯难，他不愿意强求让女儿远嫁吐蕃。有一天，他对族弟江夏王李道宗说："吐蕃国王来求婚，可我的女儿们却不愿意去，她们不明白，这桩婚姻能抵十万雄兵。"

李道宗回到府中把唐太宗的这些话向女儿说了，不料他的女儿说："既然这桩婚姻如此重要，女儿去如何？"李道宗没想到自己的女儿会主动要求去，他也同样舍不得她去，但以国事为重，还是禀告了唐太宗，唐太宗听后非常高兴，封李道宗的女儿为文成公主。

传说正在此时，其他部落也派使臣来长安求婚，他们都带着贵重的礼物，想要娶唐朝的公主。究竟把公主嫁给谁好呢？唐太宗决定出几个难题，考一考这些使臣，看看谁聪明能干，再做决定。

唐太宗把各位使臣请到宫里，拿出一颗九曲明珠和一束丝线，对他们说："你们当中谁能把丝线穿过珠子中间的孔，就将公主嫁给他的国王。"原来明珠中间有一个转了九道弯贯穿整个珠子的细孔，要将一根软软的丝线穿过去是非常困难的。

唐太宗让使臣们将细线从孔的这头穿到那头，使臣们都眯着眼捏着线往孔里插，显得很费劲。只有禄东赞很特别，他在孔的一头涂上蜂蜜，又将细线拴到蚂蚁的腰上，然后把蚂蚁放在孔的另一头，蚂蚁闻到蜂蜜的气味开始向孔里爬，禄东赞又对着孔不停地吹气，促使蚂蚁往前爬，于是蚂蚁把细线带到了孔的另一头，禄东赞赢了。唐太宗见禄东赞这样聪明，很高兴。

唐太宗又出了第二道题，他让人把使臣们带到御马场。御马场左右两个大

3

圈，一边是一百匹母马，一边是一百匹马驹。唐太宗要求使臣们区分哪匹马驹是哪匹母马生的。使臣们想了很多办法，有的按颜色分，有的按长相分，都不对。禄东赞将母马和马驹关起来，隔了一夜，才把母马一匹一匹放出来，马驹一看自己的妈妈出来了，忙跑上去吃奶，不一会儿，全分出来了。

当天夜里，宫里钟鼓齐鸣，皇帝传话各国使臣入宫。其他几位使臣急忙穿戴整齐赶到宫里。只有禄东赞想得周到，他因初到长安，路途不熟，怕回来的时候找不到路，就让随从带着红染料，在去皇宫途中的十字路口做了记号。

原来唐太宗是让各国使者到宫里看戏，看完戏，唐太宗说："你们各自归路吧，谁最先回到住处，就把公主许给谁的国王。"禄东赞有记号指引，很快就回到了住处。其他使臣由于不熟悉路途，直到天亮以后才找到住处。

禄东赞又一次取得了胜利，但唐太宗还要进行比赛。他指着远处的一堆木头说："明天，你们谁能分出这些木头的根部和梢头，谁就算胜利。"

次日，禄东赞赶进宫来，看见使臣们正围着木头议论纷纷。原来，这些木头的头尾看上去都一样粗。禄东赞一声不吭，指挥随从将木头全扔进湖里。很快，就见木头的一头沉入水中，而另一头却浮出水面。禄东赞手指湖面的木头说："下沉的一头是树根，上浮的一头是树梢。"

唐太宗一看禄东赞都答对了，又加出一道题，就是使臣必须在五百名用面纱蒙头的宫女中挑出文成公主。使臣们谁都没见过文成公主，这题太难了。但是禄东赞已经了解到文成公主喜欢用一种独特的香，而蜜蜂很喜欢这种香味。

辨认公主那天，禄东赞偷偷地带了一些蜜蜂，他将蜜蜂一放，蜜蜂便飞向有独特香味的文成公主。禄东赞又一次赢了。唐太宗心想，吐蕃大臣都如此聪明，能用这样大臣的国王肯定也很英明，于是将文成公主许配给松赞干布。这便是"五难婚使"的故事，在西藏被人们一代代地传诵着。

在文成公主进入吐蕃的道路上，许多地名都与文成公主有所联系。青海有一座日月山，是现在青藏公路的必经之处。据说，当文成公主到达那里时，她感觉到过了这座山又是一重天了，远离家乡的愁思令其触景生情，唐太宗为了宽慰她，特地用黄金铸造了日月的模型各一个，远道送来，叫她带在身边，以免思念，从此这座山就命名为日月山。

松赞干布知道文成公主出嫁的消息后喜出望外，他高兴地说："我们先辈没有和上国通婚的先例，今天我能娶大唐公主，实在荣幸。我要为公主建一座城，作为纪念，让子孙万代都知道。"他按照唐朝建筑的风格，下令修建有 999 间殿堂的宫殿迎娶文成公主，于是在拉萨建成了布达拉宫。而松赞干布派使臣禄东赞向文成公主求婚的故事，也被生动地描绘在了布达拉宫的壁画上。

（二） 六世达赖的爱情传说

达赖是西藏佛教格鲁派(黄教)中与班禅并列的两大宗教领袖之一。全称为"达赖喇嘛"。达赖是蒙古语"海"的意思，喇嘛是藏语"上人"的意思。这个称号最初是明代蒙古可口俺答口赠给三世达赖索南嘉措的尊号。顺治十年(1653年)，清世祖福临正式册封达赖五世罗桑嘉措为"达赖喇嘛"，承认达赖在西藏的政治和宗教地位。

在历代达赖中有一位与众不同，他就是六世达赖仓央嘉措，是一位深受藏族人民喜爱的才华横溢的诗人。他虽然位居藏传佛教政教最高领袖之尊，却写下了大量清新优美而又直言不讳的情歌。

在西藏政教合一居于领导地位的黄教，历来以戒律严格而著称，可是仓央嘉措的情歌却几百年来在藏区广泛流传。藏族是一个信仰佛教的民族，但无论男女老少都会唱而且爱唱仓央嘉措的情歌。

仓央嘉措在 15 岁时才被接到拉萨迎立为六世达赖喇嘛。仓央嘉措生活的时代，是西藏历史上的多事之秋。在他出生以前，葛举教派(白教)掌握着西藏的统治权，对黄教实行压制剪除政策。

五世达赖葛桑嘉措与四世班禅罗桑曲结联合蒙古势力，密召和硕特部首领固始汗率蒙古骑兵进藏，一举推翻白教王朝，建立了以黄教为主的噶丹颇章王朝，确立了黄教在西藏三百多年的统治。后又经清朝皇帝的册封，达赖喇嘛成为西藏至高无上的政治领袖。但蒙军入藏，也造成了固始汗操纵西藏实权的后果，导致了其后几十年激烈的权力斗争。

1679年，年事已高的五世达赖为防自己死后大权旁落，任命桑结嘉措为第巴(即藏王)。三年后，五世达赖圆寂。第巴"欲专国事，秘不发丧，伪言达赖入定，居高阁不见人，凡事传达赖之名以行"。

十五年后，在清朝康熙皇帝的追问和指责下，第巴才将五世达赖的死讯和仓央嘉措作为转世灵童的消息公开。仓央嘉措就是在这种政治、宗教和权力斗争的旋涡中被推上了六世达赖的宝座。

但是，仓央嘉措对政治权力和宗教权力都没有兴趣。进宫之后，他有达赖之名，却无达赖之实，作为一个政治斗争的傀儡，他根本无法左右自己，而普通人的生活早已给他打上了不可磨灭的烙印，他思念家乡的一切，春花秋月，燕飞云飘，都会引起他对美丽故乡和少年时代那无忧无虑时光的深深眷恋。

仓央嘉措于1697年被推上了西藏政权领袖的宝座，同时也被推进了复杂的政治旋涡中。在这种没有歌声，没有琴声，没有鸟叫，不能大哭，不能大喊，更不能大叫的地方，他每天看到的只是一副副虔诚的脸，听到的是有着六字真言的诵经声。他厌烦了这里的一切，他很苦恼但又无法与之抗争，只能用诗歌来宣泄心中的一切。

对这位孤独而又聪颖的少年来说，壮丽辉煌的布达拉宫无异于一座金色的监狱。在布达拉宫，仓央嘉措被严格监督学经修道。无止无休的经文常常使他心生厌倦，走出庭院散心。

而那些年老的经师则亦步亦趋地跟随着他，恳求他继续学经，生怕被藏王责骂。仓央嘉措既讨厌那些空洞呆板的功课，又同情那些经师的处境，常常为此凄然泪下。毫无疑问，能够被选为一个神王，他的悟性是极高的，然而他总是心猿意马，不能潜心入静。

自由自在惯了的他无法终日待在这阴暗而空寂的殿里，于是就偷偷地溜出去玩。他在八廓街处认识了一位美丽的少女，名叫达娃卓玛，达娃卓玛容貌美丽，性情温柔，嗓音甜美，一双又黑又亮的大眼睛散发着迷人的魅

力，看一眼就能把人醉倒。

仓央嘉措和她相知相爱，好像一个人是另一个人的影子。六世达赖为他的情人写下这样的诗句："在那东方山顶／升起皎洁月亮／玛吉阿米的面容／渐渐浮现心上。"玛吉阿米在藏语里是未婚的少女之意。

一位宗教领袖因为爱情而成了诗人。仓央嘉措的诗句在西藏广为流传。他为爱情付出的代价是：成了历届达赖喇嘛中唯一一位被中央政府正式下令废黜的达赖！

权力的较量必然以一方彻底失败而告终，在争夺西藏统治权的斗争中，第巴桑结嘉措终于决定先下手为强了！他秘密派人在拉藏汗(固始汗之孙，其时当权)的饭中下毒，却不知怎么被发现了。

拉藏汗大怒，立刻调集大军击溃藏军，杀死第巴桑结嘉措，并致书清政府奏报桑结嘉措的谋反罪行，又报告说桑结嘉措所立的六世达赖仓央嘉措沉溺酒色，不理教务，不是真正的达赖，请予贬废。康熙皇帝于是下旨："拉藏汗因奏废桑结所立六世达赖，诏送京师。"

九年的宫内生活使仓央嘉措饱受精神之苦，此时此刻，他很坦然，因为不论怎样的方式，对他来说都是一种解脱。对宫中的一切，他没有任何留念，丢不下的只是他那一卷卷流光溢彩的诗篇。

然而，令人奇怪的是，尽管仓央嘉措品行有瑕，拉萨三大寺的长老们没有一个人认为仓央嘉措是假的，至多说他"迷失菩提"。拉藏汗只好强行押送仓央嘉措去京城。

仓央嘉措动身时，为他送行的人们泪流满面。在人们请求达赖为一切众生祈祷的乞求声中，他的身前堆满了数不清的洁白的哈达。蒙古兵走过哲蚌寺时，僧侣们舍命从蒙古兵手中将仓央嘉措抢回。拉藏汗闻之，即调兵攻打哲蚌寺，喇嘛死伤甚重。仓央嘉措生不忍之心，说："生死于我已无所谓。"言罢，独自径直前往蒙古军中。

但是最后他在青海神秘消失，他的结局也如其诗句一样凄美迷离。据说拉萨八廓街上有栋黄房子，正是少女达娃卓玛居家之地。这栋黄颜色的小楼骄傲地存在并成为某种象征。

二、布达拉宫的建筑历史与建筑特色

　　布达拉宫位于西藏自治区首府拉萨市西北郊区约两千米处的一座小山上。在当地信仰藏传佛教的人民心中，这座小山犹如观音菩萨居住的普陀山，因而用藏语称此为布达拉（普陀之意）。布达拉宫重重叠叠，迂回曲折，同山体融合在一起，高高耸立，壮观巍峨。宫墙红白相间，宫顶金碧辉煌，具有强烈的艺术感染力。它是拉萨城的标志，也是西藏人民巨大创造力的象征，是西藏建筑艺术的珍贵财富，也是独一无二的雪域高原上的人类文化遗产。

（一）悠久的历史，恢弘的建筑

　　"布达拉"或译"普陀珞珈"，都是梵语的音译，意为"佛教圣地"。

　　617年，吐蕃第三十二代赞普松赞干布诞生，他"弱冠嗣位"，但精明干练，在他父亲囊日松赞建业的基础上，先后征服了素称强悍而富庶的苏毗、羊同等部落，进而统一了西藏各部，建立了历史上强大的奴隶制政权的吐蕃王朝。

　　638年，松赞干布派专使到唐朝请婚，但是唐朝拒绝了吐蕃的求婚。松赞干布非常愤怒，致书唐太宗："如果你不同意把公主嫁给我，我就要亲自率领五万军队，攻占唐国并杀死你，夺取公主。"

　　为此，双方曾在松州发生过短暂的战争，这次争斗以松赞干布的失败而告终。这是双方一次重要的军事冲突，使松赞干布对唐朝的军事实力有了初步的了解，于是引兵撤退，马上"遣使谢罪"。太宗也认为若与吐蕃修好，有利于西部边疆的稳定，可以保证唐西域商路的畅通。

　　640年，松赞干布派遣吐蕃著名的大相禄东赞率领由百人组成的庞大使团入唐请婚，向唐太宗进献黄金五千两及其他许多珠宝为聘金。禄东赞曾经多次受命出使唐朝，博得了唐朝政府的敬重，经过他的不懈努力，唐太宗以汉藏民族友好为重，答应将文成公主嫁给吐蕃赞普。

641年，太宗派遣礼部尚书江夏王李道宗护送文成公主入藏。松赞干布亲自远迎于札陵湖畔，向李道宗敬行"子婿之礼"。松赞干布自豪地对王室成员说："我父祖未有通婚上国者，今我得大唐公主，为幸实多！当为公主筑一城以夸示后代。"（《旧唐书》）

为了尊重汉族的风俗习惯，也为了让文成公主生活得像在长安一样舒适愉快，松赞干布在逻歌城专门为公主修建了一座华丽的唐式宫殿，并与文成公主举行了隆重的婚礼。因为松赞干布把观世音菩萨作为自己的本尊佛，所以就用佛经中菩萨的住地"布达拉"来给宫殿命名，称作"布达拉宫"。

文成公主自17岁进藏，56岁去世，在吐蕃生活了39年。松赞干布25岁时迎娶文成公主，34岁时去世，他和文成公主共同生活了9年。此间，汉藏双方始终保持着友好的关系，从未发生过纠纷。

649年，唐太宗李世民去世，高宗李治即位，派遣使者入藏发丧并授松赞干布"驸马都尉"，封"西海郡王"。松赞干布闻讯特派使节赴长安吊祭，致书唐朝宰相长孙无忌："天子初即位，若臣下有不忠之心者，当勒兵以赴国除讨。"

松赞干布同时还进献金银珠宝，请求陈列在太宗灵前，表明自己珍视汉藏民族的情谊并履行应尽的职责。650年，松赞干布去世，高宗为之举哀，并派人入蕃吊祭，为他树石像一座于唐昭陵中。

松赞干布时期修建的布达拉宫有大小房屋一千间，但是在赤松德赞统治时期遭遇雷火烧毁了一部分。后来在吐蕃王朝灭亡时，宫殿也几乎全部被毁，仅有两座佛堂幸免于战火。随着西藏的政治中心移至萨迦，布达拉宫也一直处于破败之中。

此后，藏传佛教噶当教派高僧琼布扎色、噶举教派楚布噶玛巴德辛协巴、络鲁教派始祖宗喀巴等不同教派代表人物在此举行过讲经等佛事活动。

17 世纪中叶，蒙古和硕特部领袖固始汗领兵进入西藏，推翻了噶玛丹琼旺布政权，于 1642 年，由五世达赖喇嘛建立了噶丹颇章政教合一政权。拉萨又成为西藏政治、宗教、经济及文化的中心。

1645 年，五世达赖喇嘛为了巩固噶丹颇章地方政权，重建了布达拉宫白宫及宫墙城门角楼等，三年后竣工。1653 年，五世达赖入住宫中。从这时起，历代达赖喇嘛都居住在这里，重大的宗教和政治仪式也都在这里举行，布达拉宫由此成为西藏政教合一的统治中心。

1682 年五世达赖去世后，为安放灵塔，1690—1693 年掌管西藏事务的第巴桑结嘉措继续扩建宫殿，为五世达赖喇嘛修建灵塔，形成红宫。在红宫修建时，除了本地工匠，清政府和尼泊尔政府也都派出匠师参与，每天的施工者多达 7700 余人。整个布达拉宫到 1693 年基本完工，总共历时 48 年，耗资约白银 213 万两。

十三世达赖喇嘛在位期间，又在白宫东侧增建了东日光殿和布达拉宫山脚下的部分附属建筑。1933 年十三世达赖喇嘛圆寂，1934 至 1936 年间修建十三世达赖喇嘛灵塔殿，与红宫结成统一整体。从 17 世纪开始的布达拉宫重建和增扩工程至此全部完成。

经过一千三百多年的修建历史，布达拉宫形成现在的规模。整个建筑占地面积 13 万平方米，主楼高达 117 米，大小房间两千余间。布达拉宫作为历代达赖喇嘛的驻锡地和西藏政教合一政治中心，它内部主要由达赖喇嘛宫殿、佛殿及僧院各政权机构三大部分组成。

布达拉宫是藏族文化的巨大宝库，宫内珍藏的各类历史文物和工艺品数量繁多。据初步统计，现有玉器、瓷器、银器、铜器、绸缎、服饰、唐卡共七万余件，经书六万余函卷。

建国以来，国家领导都十分重视对布达拉宫的保护与修建。因为布达拉宫建筑本身具有高度的历史、艺术和科学价值，宫内保存了大量的珍贵文物，布达拉宫不仅反映了藏族优秀传统文化艺术的特点，更反映出了藏汉以及其他许多民族文化的交流及融合，是中华民族团结友爱、共创人类文明的历史见证。

（二）布达拉宫的建筑艺术

布达拉宫是数以千计的藏传佛教寺庙与宫殿相结合的建筑类型中最杰出的代表。众多的建筑虽属历代不同时期建造，但都十分巧妙地利用了山形地势来修建，使整座宫寺建筑显得非常雄伟壮观而又十分协调完整，在建筑艺术的成就上达到了无与伦比的高度，构成了一项建筑创造的杰作。

布达拉宫既是我国藏族人民智慧和伟大创造力的集中表现，也是融建筑与雕塑、绘画、金属制品为一体的艺术综合体，它体现了所处时代的理想、情趣和精神风貌，此后这里一直作为西藏政治和宗教的中心。

布达拉宫依山垒砌，群楼重叠，殿宇嵯峨，气势雄伟，有横空出世、气贯苍穹之势。坚实墩厚的花岗石墙体，松茸平展的白玛草墙，金碧辉煌的金顶，具有强烈装饰效果的巨大镏金宝瓶、幢和经幡，交相辉映，红、白、黄三种色彩的鲜明对比，分部合筑、层层套接的建筑型体，都体现了藏族古建筑迷人的特色。

墙体檐部砌筑"白玛"草墙，涂染绛红颜料，上饰祥麟法轮、八瑞相、七政宝等饰物，加上造型各异的金顶、胜利幢、毛氅、宝瓶等装饰物，充分展现了整个建筑浓郁的民族文化。

布达拉宫规模庞大，气势宏伟，依山势而建，由白宫、红宫两大部分和与之相配合的各种建筑所组成，是我国古代建筑艺术的杰出代表，享有"世界屋脊上的明珠"的美誉。

布达拉宫是藏传佛教寺庙与宫殿建筑相结合的例证。藏传佛教寺庙建筑主要体现了藏族传统的碉楼房体系，木石结构的特点，同时又吸取了内地殿堂建筑中的梁架、斗拱、藻井、歇山顶和屋脊形式，并融汇了印度、尼泊尔富有宗教特色的装饰。宫殿的设计和建造根据高原地区阳光照射的规律，墙基宽而坚固，墙基下面有四通八达的地道和通风口，宫内的柱梁上有各种雕刻，墙

壁上的彩色壁画面积有 2500 多平方米，形成了风格迥异的藏式建筑形式。

整个建筑既有汉族的传统结构，又有藏族的雄伟外观。布达拉宫由吐蕃时的藏王宫殿演化成后世达赖喇嘛驻锡的宫院，不仅继承了吐蕃的建筑传统，而且吸取了佛殿的建筑艺术。

它在建筑艺术上具有鲜明的特点和个性:善于从各种结构、构图、风格的矛盾对比中择取最佳方案，它还通过各种关系和比例的艺术处理，达到了"中和"之美的意境。布达拉宫是由中间的红宫，两侧的两组白宫以及山脚下的碉房式辅助用房(藏语称"雪")组成的宫堡群。它们之间由许多碉楼、城墙相连，高低错落，前后参差。在宫殿群中央外墙涂红色部分为红宫，是历代达赖喇嘛举行宗教活动的主要场所，成为布达拉宫的寺庙部分。白宫及其"雪"则作为在世达赖喇嘛的宫殿、政府机构、僧官学校以及"雪"内的监狱、印经院、作场、马厩等，是达赖喇嘛进行政治活动和生活起居的重要场所，成为布达拉宫的宫殿部分。

宫殿寺院建筑和周围的环境保持和谐统一，使布达拉宫成为一处无可比拟的风景，它依山就势，高低错落，把人文景观融入自然景观，给人以丰富的美感。布达拉宫取法自然，依山舒展，因势结缘，不讲究中轴对称，也不讲究黄金比例。

在满足实用的前提下，建筑师运用敞、闭、开、遮、曲、转、俯、仰等手法，创造了曲折幽深的内部空间，给人以步移景异的美感享受。根据坡、凹、沟、壑、坪等不同的地势条件，生成若干大小不同的房间，若干房间又连成一楼、一院、一群，内部井然有序，外部和谐统一。

在空间组合上，分层合筑，层层套接，院落重叠，回廊曲栏，因地制宜，主次分明，既突出了主体建筑，又协调了附属的各组建筑。建筑上下错落，前后参差，形成丰富的空间层次，极富音韵节奏美感，又在视觉上加大了建筑的体量和高耸向上的心理感受，是我国古代建筑群体组合和序列转换成功的范例。

布达拉宫大量地运用了建筑艺术的法则。建筑单体和群体，局部和整体之间，以及内部各部分之间配合布置的相互关系，构成了建筑形象的基础。建筑一方面受功能、技术、经济等要素的制约，另一方面又被赋予美的属性，因而要求它具备一定的形式美法则。

形式美中的统一、均衡、对称、对比、韵律、比例、尺度、序列、色彩等法则体现于建筑构图原理之中，使建筑变成一个视觉艺术的综合体。运用形式美创造内部空间和外部体形是综合性很强的艺术创作，布达拉宫在形式美法则的运用上达到了得心应手的地步，取得了巨大的艺术成就。

其中，艺术上对比手段的运用最为显著。建筑师运用了大量的色彩对比手段使布达拉宫更加绚丽多姿。特别是白宫外墙大面积的白色，使人们联想到附近山峦终年不化的皑皑白雪和天空中飘拂的朵朵白云，而红宫外墙的深红色，又与白宫外墙的白色形成了鲜明的色彩对比。

从造型上看，布达拉宫为宫堡式建筑群。与内地一些大型宫殿、坛庙建筑不同的是，它的空间序列不是在水平方向上推进，而是在自下而上的垂直方向上逐级提高。建筑师在向上步步升高的建筑空间序列中，巧妙地运用了先大后小、先抑后放、明暗相间、曲折多变等多种形式美的对比手法，使整个宫殿建筑抑扬相称，富于变化，形成鲜明的韵律美。

艺术上的这种对比，在布达拉宫的建筑上随处可见。如外墙面的峻峭挺拔与水平檐口的舒展平缓所形成的形式对比；红宫顶部的质感柔软的红色饰带，与镶在它上面的巨大铜质镏金饰物形成的色彩对比；外部墙面粉饰红、白、黄、黑等颜色，对比强烈醒目，突出了藏民族的建筑装饰艺术效果。整个建筑群与周围环境的对比，以及处处呈现出的华贵与朴实、细腻与粗拙、人工与自然等等的对比，都强化了布达拉宫的崇高与神圣，同时也给人们带来艺术上的审美愉悦。

三、布达拉宫的主体建筑

布达拉宫主体建筑的东西两侧分别向下延伸，与高大的宫墙相接。墙的东、南、西侧各有一座三层的门楼，在东南和西北角还各有一处角楼。宫宇叠砌、迂回曲折、同山体有机地融合，这是布达拉宫给人最为直接的感受，也是

它最突出的特点。其主楼有 13 层，自山脚向上，直至山顶。整体建筑主要由东部的白宫（达赖喇嘛居住的部分）、中部的红宫（佛殿及历代达赖喇嘛灵塔殿）及西部白色的僧房（为达赖喇嘛服务的亲信喇嘛居住）组成。在红宫前还有一片白色的墙面为晒佛台，这是每当佛教节庆之日，用

以悬挂大幅佛像的地方。

（一）达赖喇嘛的灵塔殿——红宫

红宫位于布达拉宫的中央位置，宫墙全由花岗岩砌成，厚达一米以上，为红色。平顶上方建有七座金瓦屋顶，屋脊及宫墙四缘女墙上饰有巨大的镏金宝幢和红色经幡，具有明显的藏式风格。

红宫最主要的建筑是历代达赖喇嘛的灵塔殿，共有八座，各殿形制相同，规模不等，其中以五世达赖喇嘛灵塔殿最大。八座灵塔殿内分别供奉着八位达赖喇嘛的灵塔，他们是五世达赖罗桑嘉措、七世达赖噶桑嘉措、八世达赖强白嘉措、九世达赖隆朵嘉措、十世达赖楚臣嘉措、十一世达赖凯珠嘉措、十二世达赖成烈嘉措、十三世达赖土登嘉措。

六世达赖仓央嘉措于清康熙四十五年（1706 年），在被"解送"北京的途中，逝世于青海海滨。另说仓央嘉措在解送途中舍弃名位，周游各地，后死于五台山。由于六世达赖卒地不明，遗体无影，故布达拉宫没有修建他的灵塔。

中国藏传佛教建筑

五世达赖的灵塔是宫中最早最大的金塔。始建于 1690 年，竣工于 1693 年，高 14.85 米，分塔座、塔瓶和塔顶三部分，灵塔内葬有五世达赖的肉身。灵塔共享纯金 3724 公斤包裹，所镶各种珍贵的金钢钻石、红绿宝石、翠玉、珍珠、玛瑙等奇珍异宝 1.5 万多颗，价值在黄金的十倍以上。

殿内有粗壮的方形木柱，上承托大斗和双层十字斗拱，梁头斗拱沥粉描花，堂内悬挂着丝绸的幢幡、华盖，地面遍铺毛织毯。塔前供奉着金灯、金水碗、明清瓷器、各式法器等供器。

十三世达赖灵塔及灵塔殿建于 1934—1936 年，是宫内建筑最晚、价值最高的一座灵塔。塔高 14 米，据《十三世达赖灵塔移交清册》记载，塔身用纯金 118870 两，灵塔上镶嵌着大量钻石、珍珠、松耳石、珊瑚、玛瑙等珠宝翠玉，为八座灵塔中价值最高的一座。

殿内最出色的陈设是灵塔前供奉的珍珠塔（藏语称曼扎，喇嘛教法物），是将二十多万粒珍珠、玛瑙、珊瑚等珠宝用金丝串缀而成的。殿内的壁画绘有十三世达赖一生的主要活动，其中 1908 年赴京朝见慈禧太后和光绪皇帝的画面放在显要位置。

灵塔西有"司西平措"，是布达拉宫最大的殿堂，是五世达赖喇嘛灵塔殿的享堂，也是布达拉宫最大的殿堂，面积 725 平方米，殿内保存有康熙皇帝所赐的大型锦绣幔帐一对。传说康熙皇帝为了织造这对幔帐，曾专门建造了工场，并费工一年才得以织成。

整个殿堂雕梁画栋，有壁画 698 幅，有当年修建红宫时的情景，还有当时藏族人民的生活习俗，如赛马、射箭、摔跤等。

从西大殿上楼经过画廊就到了曲结竹普（也就是法王修法洞），这是布达拉宫最古老的建筑之一，法王禅定宫，藏语称曲吉卓丰，是布达拉宫的最高点。此宫建于 7 世纪中叶，是松赞干布静坐修法之处。现在，佛堂内供有松赞干布、文成公主、尼泊尔尺尊公主、大臣禄东赞塑像，均为 7 世纪时期的泥塑，形象逼

布达拉宫

真，表情自然。文成公主像塑的是一位美丽、善良的汉族妇女形象。佛堂后的小白塔坐落在红山山尖之上，又恰好是布达拉宫的中心，真是巧夺天工。

红宫内最高宫殿名叫萨松朗杰（殊胜三界殿），殿内供奉着一块用藏、汉、满、蒙四种文字书写的"当今皇帝万岁万万岁"的牌位，牌位上方所供为清乾隆皇帝的画像，周围有金刚持、宗喀巴等塑像。

南佛堂（仁增拉康），又称持明殿。殿内主要供奉宁玛派祖师莲花生像，高 2.3 米，重 970 两，银质，17 世纪作品。莲花生像左右是莲花的八个化身像。殿内佛座上装饰有木雕孔雀、共命鸟、象、狮子等，有很高的艺术价值。

北佛堂（仲热拉康），又称世系殿，殿内供奉释迦牟尼像和五世达赖像。释迦牟尼像高 2.28 米，重 1679 两，纯金制作；五世达赖像高 2.55 米，纯银制作，均为 17 世纪塑造。此外，还有三世佛、八药师佛、一世至四世达赖像等三十余尊塑像。

圣者佛殿，又称观音佛堂，藏语称帕巴拉康，位于法王禅定宫楼上，是布达拉宫最早建筑之一。这里主供的帕巴洛格夏日佛，即观音菩萨塑像，高 1.18 米，以檀香木雕刻而成，是 7 世纪时松赞干布从尼泊尔和印度交界处迎到西藏的，距今已有一千三百七十多年的历史。

据传这尊华丽精美的观音是檀香树自然长成的，这尊塑像是布达拉宫的"镇山之宝"。达赖五世曾在此修行，殿内还有八尊顺治皇帝赐给五世达赖的檀香木雕佛像，佛殿前悬挂着"福田妙果"匾额，为清同治皇帝的御书。

除此之外，红宫内还有一些重要的办事机构和僧院，它们一同成为红宫不可缺少的组成部分。

益仓勒空，位于红宫第三层南侧，为原西藏地方政府的主要机构之一，亦翻译为宗教事务局，始建于 1752 年，系为当时七世达赖喇嘛保管经书文件的机构，后改为总管各级僧官的孜益仓勒空。其职责是总管达赖喇嘛所辖各寺院的教规及各级僧官和寺院堪布、执事的任免，按照达赖喇嘛的吩咐，草拟颁布的训令、各寺庙的戒规等，也为摄政王和司伦草拟下发文件。达赖喇嘛和摄政王

中国藏传佛教建筑

的印章也由该机构管理。受噶厦委托，由该机构的四位负责人会同孜康的四位负责人一起组成孜仲会议，这八名负责人主持全藏大会，该机构还负责僧官学校的管理。

尊胜僧院位于红宫西庭院东侧，现为布达拉宫香灯师举行集体佛事活动的场所。尊胜僧院是布达拉宫唯一的僧院，也是历代喇嘛所设的僧院。此僧院最早由三世达赖喇嘛索南嘉措于1574年在拉萨哲蚌寺所建。当时这里只有二十几名僧侣。五世达赖喇嘛为了加强此僧院的新旧密乘佛事活动，在重建布达拉宫后，将其搬迁至宫内。第巴桑结嘉措扩建红宫时，又扩建了尊胜僧院。

尊胜僧院的主要佛事活动是每年在殿内轮流进行退敌天母、时轮金刚、密集金刚、胜乐金刚和大威德金刚等本尊的修供仪轨。每当藏历十二月二十九日，在布达拉宫东庭院内，都要举行隆重的年终跳神送鬼等佛事活动。

亚豁楼位于红宫北侧，是一座两层藏式楼房，从七世达赖喇嘛起，在历世达赖喇嘛册封后，清朝政府对达赖喇嘛家族的主要成员亦册封为公爵等头衔，原地方政府还分给他们庄园，这些人便进入西藏的大贵族亚豁家族。

因布达拉宫的佛事管理规定布达拉宫的主体建筑内妇女及无关人员禁止留宿，故专为达赖喇嘛的亚豁家族在红宫内修建了住宅、伙房、马厩等设施齐备的楼房。

（二）达赖喇嘛生活的场所——白宫

白宫从东西南三面与红宫衔接，因外墙为白色而得名。白宫共有七层，是达赖喇嘛生活、起居的场所，也是原西藏地方政府的办事机构所在地。

东、西日光殿及孜噶位于布达拉宫白宫顶层，是达赖喇嘛生活起居、办理日常事务的地方。由于顶层的起居室有一部分屋顶敞开，阳光可以射入，因此得名"日光殿"。西日光殿由福地妙旋宫、福足欲聚宫、喜足绝顶宫、寝宫和护法殿组成，十三世达赖喇嘛的寝宫曾在此。东日光殿主要

是由喜足光明宫、永固福德宫、护法殿、长寿尊胜宫和寝宫组成，十四世达赖喇嘛的寝宫曾在此。十四世达赖原来的器具殿堂里现在仍然摆着纯金佛像、玉雕观音、线装经卷、钟表以及其他许多珍玩。

达赖喇嘛的日常活动由内侍系统管理。基巧堪布由一位三品僧官担任，其主要职责是统管达赖喇嘛的全体内侍，转送奏文和批文。

达赖喇嘛的膳食由司膳堪布负责，下辖厨师等二十余人。达赖喇嘛寝宫、禅室的服饰和器具等，由司寝堪布负责，下辖管理员和轿夫等二十余人。达赖喇嘛寝宫、禅室的经书、法器以及佛事活动等，由司祭堪布负责。司祭堪布还直接管理尊胜僧院的法纪。

孜噶为藏语音译，是布达拉宫传达室，即专门负责向达赖喇嘛转呈报告和向下传达指示发布命令的事务机构。机构设在布达拉宫和罗布林卡日光殿的门外过道处，实际是达赖喇嘛跟前孜仲们吃僧茶的聚集处。孜噶首脑是"孜堪仲钦哇"即秘书长，或称"卓尼钦莫"，下设孜准十六人和侍卫四人。

相传，钦僧官茶始于五世达赖喇嘛时期，那时侍奉达赖喇嘛的僧人数量很少，均常驻于布达拉宫，酥油和糌粑等饮食由西藏地方政府供给，后逐步相沿成习。钦僧官茶的时间每天约两小时，此时也正是达赖喇嘛进行政教活动的时间。每天上午十一点，全体孜仲、雪郭、值班噶伦（在罗布林卡时轮流值班的噶伦）、抬轿头人等会聚到孜噶处钦僧官茶，按照职务入座，届时由"森噶"维持秩序。

王宫和雪噶分别位于白宫第六层东侧中间和南侧，王宫是历届摄政王的住处。摄政王一般是在前任达赖喇嘛圆寂，新任达赖喇嘛尚未执政时期行使西藏最高政教权力。摄政王下面设有传达机构雪噶，该机构是在七世达赖喇嘛圆寂后，由第穆诺门汗·德来嘉措活佛任摄政王时创建的。

雪噶由南卓四品僧官负责，内设雪卓五品俗官四名、侍卫两名。其主要职责是把地方各级呈报（除了必须呈报达赖喇嘛的以外）上送摄政王批准，再由南卓下达噶厦执行。在摄政王执政期间，各级僧俗官员、各寺堪布与执事等在上任前和离任后以及外出或返回时，均需经该机构向摄政王票报或辞行，并详细记录备案。

极乐室位于白宫第六层南侧西端，是原西藏地方政府噶厦的办公地点。噶厦机构重建于 1751 年。当时七世达赖喇嘛上奏清朝乾隆皇帝，正式设置噶厦，并被赐予大印。从此，噶厦统管西藏的政治、经济、文化和军事等各项事务达二百余年，是原西藏地方政府最高权力机构。

此机构由一名僧官噶伦和三名俗官噶伦共同组成，内设两名噶仲噶厦秘书和三名噶卓噶厦传达官分别负责，行使职权。噶厦下属的主要办事机构有由僧官组成的人事审计处。其直属机构有藏军司令部、财政部门、立付局、粮务部门、农业局、建设局、拉萨市政府、拉萨专区、社会调查局、邮电局和藏医院等。

立付局位于白宫第五层过廊的南侧，现为布达拉宫的经书库房。该机构是收支物资的部门。白宫第五层过廊东侧的北立付室和第六层过廊西侧的上立付室均属立付局。此机构由两名四品僧官、一名四品俗官负责，内设俗官孜仲一名，管理小吏的头人一名，其他人员二十余名。其主要职责是收管日常所需的金银财宝和生活用品。按照有关规定，地方政府日常支出的三分之一由该机构负责。同时，负责布达拉宫的房管和大的佛事活动，还要管理布达拉宫各殿香灯师、房管人员、门卫和清洁工等。

仓库管理局，现为布达拉宫的一般仓库。该机构由四名五品俗官负责，设一名文书，还有二十余名工作人员。该机构每年从原地方政府粮库收取粮食和钱款，负责支付布达拉宫各殿的供品和一些佛事活动所需物品，每年一次性地按等级发给布达拉宫一百多官吏以及房管人员、清洁工、门卫等粮食，还负责提供每天早茶时所需物品。

主内库位于白宫第五层西侧，是原西藏地方政府设在布达拉宫内的金银库房，现为布达拉宫的库房。从五世达赖喇嘛起，按规定每年把原地方政府的金、银适量入库。每年约有四十万两白银入库。大、小昭寺会同时把原地方政府需

布达拉宫

要布施的金银从此库支付。出入库时，由噶厦、堪布仓和益仓勒空的要员共同监督，并将结果呈报达赖喇嘛。

僧官学校位于布达拉宫东庭院东侧，是一座四层藏式碉楼。该校于 1754 年由七世达赖喇嘛噶桑嘉措创建。有一名教授书法的孜仲即僧官老师和由敏珠林寺选派的一位精通教授兰查文、乌尔都文、恰译师新形藏文字体、郭译师新形藏文字体以及语言学、诗词、声律、藏文语法《三十颂》《音势论》和阴阳历算等的老师。

学生分公、私两类，色拉寺、哲蚌寺、甘丹寺和其他分寺选送的学生称为公派学生，从各寺或僧官隶属自愿进校的学生称为私读学生。由老师挑选品德优良和聪慧者五十余名，报孜益仓勒空批准录取。学员毕业后，逐步转为原西藏地方政府低级官吏"孜仲"。

白宫外部有"之"字形的上山蹬道。作为藏传佛教的圣地，每年到布达拉宫的朝圣者及旅游观光者总是不计其数，当地香客参拜布达拉宫都从正门沿着"之"字形的石阶拾级而上，而旅行者多数会选择先从西门走到山顶再一路下来，这样能够省下很多体力。

东侧的半山腰有一块宽阔的广场，这是达赖喇嘛观看戏剧和举办户外活动的场所。白宫在红宫的下方与扎夏相连，扎夏是为布达拉宫服务的喇嘛们的居所，最多时居住着僧众 2.5 万人。由于它的外墙也是白色的，因此通常被看做是白宫的一部分。

四、布达拉宫的雪城和宫内的塔像

"雪"意为下方，专指山上城堡正下方的村镇。雪城，是对布达拉宫正面下方建筑的总称。雪城是布达拉宫总体建筑群的有机组成部分，其历史与布达拉宫同样久远。

雪城东西长 317 米，南北宽 170 米，占地面积 5 万多平方米。现存古建筑22 处，总面积 33470 平方米。雪城是布达拉宫建筑体系的重要组成部分，从其功能划分，主要有三类：一是三大领主（地方政府、贵族和寺院）设立的集行政、司法、监狱、税收、铸币等职能为一体的办公场所；二是为统治者提供生活服务的机构；三是僧俗贵族、官员的宅院及低等职员、工匠、农奴的住所。

白宫、红宫和雪城一同构成了布达拉宫的全貌，在这座辉煌的宫殿之中，珍藏着重要的佛教文化遗产，带给人们无限的慨叹，其中便有极具历史价值的塔像。

（一）布达拉宫的雪城机构

布达拉宫前坡下侧的城郭是布达拉宫建筑群的重要组成部分。

此城东、西、南侧置围墙，围墙顶部内侧有人行道可通角楼和东、西、南门楼。南门有砸石孔、放箭孔等防御设施。东角楼的"蕃东康"，原为布达拉宫的制香厂。每年底，按规定将特制的香上交布达拉宫，供达赖喇嘛寝宫专用。

其他角楼和门楼分别兼做军粮库和诵经室。雪城内还建有东西印经院、藏军司令部、雪巴勒空、印币厂、监狱、马厩、奶牛圈、奶制品作坊和酒店等附属建筑，后来还有部分贵族住宅。

雪巴勒空位于布达拉宫雪城内，是一座藏式楼房。是原

西藏地方政府主管拉萨政法的机构，1675 年由摄政王第司洛桑金巴创建。雪巴勒空建筑面积 5280 平方米，为三层密肋平顶楼房，共 32 间。

底层和二层北面为储存粮食的仓库。二层南面为办公场所，三层原有四间房，其中北侧三间是进行长寿仪轨的地方，西侧一间为管理人员住房。雪巴勒空东南各有一扇大门。当时，该机构只管理雪城围墙内外的治安，后逐步扩大为管理拉萨及附近十八个黔卡的税收和治安。

除重大案件须报噶厦处理外，一般性案件皆由此机构自行处理。其主事由一名六品级僧官和两名俗官担任，管理人员下有小管家两名、税收房管人员一名、干事二十名、用人二十五名。雪巴勒空是三大领主用来统治、镇压广大劳动人民群众的工具。该机构原称雪聂列空。初建时其管辖范围和职责仅限于"雪"围墙内外的治安，后逐渐扩大。雪巴勒空主管行政官员称"雪尼"，意为"雪"之管理者。由两名五品级的僧、俗官员和一名列赞巴级俗官协办组成（一僧二俗）。

旧西藏沿用的《十三法典》、《十六法典》，把人分成"三等九级"，上等人的命价为等身的黄金，而下等人命如草芥。依据法典，农奴可以任意转让，可以对农奴和奴隶挖眼、抽筋、割舌、砍手、剁脚，从高山推下摔死，用牛皮包身投入水中淹死，立即杀死等。依据这样的法典，对劳动人民实行严厉的非人酷刑，是雪巴勒空的重要职能。

据统计，雪巴勒空每年都要发布大量叛处犯人和征缴各种苛捐杂税的告示，却没有为发展经济和改善人民生活发布过一个告示，其反动黑暗本质由此可见一斑。

横征暴敛是雪巴勒空的又一职能。这里设有一个永远也填不满的粮库，专门囤积从拉萨及附近征收的小麦、青稞、豌豆、肉、糌粑、酥油、青油、奶渣，以供统治阶级享用。雪巴勒空要负责布达拉宫厨房所用食品的供应，还要负责拉萨河堤的维修和管理。

藏军司令部位于布达拉宫前坡下侧的雪城内东北侧，为一座藏式楼房。

1913 年，十三世达赖喇嘛封拉萨军务总管堪仲强巴丹达为噶伦喇嘛，兼任昌都总管；封贴身侍卫擦绒·达桑占堆为扎萨，兼任总司令，正式成立了军事司令部。

起初，司令部有文书两名、一般僧官两名和从各军营中抽调的丁本数名。主要职责为统管西藏地方军队，经噶厦批准后向各地驻军配发武器、弹药等军事装备。

藏军军官如本的任免由司令部报请噶厦批准，甲本、丁本的任免由司令部决定。司令部内的军统机构由四品僧、俗官员各一名负责，有工作人员十余名。西藏地方正规军始建于 1790 年。根据《钦定藏内善后章程》的规定，西藏建立了一支三千人的军队，并按照清军体制编成四个军营。

布达拉宫前坡下侧的雪城内有两处印经院，即东印经院和西印经院。东印经院，藏语称"噶甘平措林"。始建于五世达赖喇嘛时期，与布达拉宫白宫基本属于同期建筑。东印经院由印经堂、藏经库、孜仲住室等建筑组成。主体建筑是藏式两层楼房，底部为印经堂，用于刻版、印刷等。二层中间是天井，四周九间房屋，供印经院主持"孜仲"和工作人员居住。印经堂东侧是两间藏经库。经版均保存在东印经院，经版所印的经书原存噶厦政府的档案中，但后来经版和经书均流失。

西印经院位于城墙内的西北角，1924 年为存放那塘版《甘珠尔》而兴建。主体建筑依山脚而筑，高五层，底层为库房，二层为藏经殿，三层为印经殿。

院内所藏的经版仅《甘珠尔》的全套刻版就有四万八千多块，还有大量各地调来和新刻的经版。1919 年，在布达拉宫后侧还扩建成了后印经楼。

宝藏局造币厂位于布达拉宫雪城东北角，为庭院式二层建筑。底层两间紧邻的房屋，内间设置铸币机，外间为动力车间。宝藏局是旧西藏地方政府在中央政府的批准、监督和管理下，铸造货币的场所。

据史料记载，西藏地方使用真正意义的钱币，始于吐蕃松赞干布以后。至元代前，西藏与内地经济往来密切，中原地区的白银大量流入西藏，白银逐渐成为西藏地方的一种货币。

元代，中央政府不仅调运大量白银入藏，而且还发行可兑换白银的宝钞、交钞，与白银同时流通，西藏各地从此开始遵行中央政府颁行的货币制度。作为中央行使权力的度量衡制度也随白银的流通在西藏通行开来。

至清代，随着中央政府对西藏管理制度的完善，以及西藏地方经济贸易的发展，为从根本上解决西藏的钱制问题，乾隆帝下旨在藏制定钱法、设立钱局，由驻藏大臣督制管理，于是造币厂在雪城上建立起来。

雪堆白造像厂位于雪城西门外。此处最初为楚普噶举派红帽系的四层楼寺院，后改建成二层厂房，并称为堆白勒空，系手工技艺部门。主管官员有六品僧官二人，并有根据技艺水平而被规定享有官员待遇的正副师傅等。

手工技艺主要包括金、银、铜、铁的铸造和木器车削等。匠人们具有在金属器皿上雕制立体花饰，用模子打制突起的花纹和刻制浅线花纹，镶嵌金、银细丝等手艺。各种藏式器皿一般均能制做，共有工匠数百人。17世纪五世达赖喇嘛时期，形成了手工机构。

1754年，七世达赖喇嘛时期，建立了手工团体，并取名"堆觉白其"造像厂。拉萨地区各寺院和私人需要制造塑像及法器时均要向厂部申请批准后方能制造。布达拉宫的绝大多数塑像以及法器等都出自此造像厂。

龙王潭位于布达拉宫北坡山下。龙王潭，藏语称"宗角禄康"，与布达拉宫北门有阶道相通，是五世达赖罗桑嘉措修建布达拉宫时，从山脚大量取土而形成的大水潭，也是拉萨著名的园林建筑之一，现辟为龙王潭公园。面积约5平方千米，潭水中有一孤岛，面积仅1000平方米，呈不规则圆形，直径约42米，六世达赖喇嘛在潭中按藏传佛教仪轨中的坛城模式建一座龙宫，并架一座长20余米、宽3米多的五孔石桥与外界相通。龙宫又名"水阁凉亭"，最早是五世达赖修法处，以后改建为龙宫，供奉龙王，为祀天祈雨的地方。

（二）布达拉宫的塔像

7世纪佛教由印度、汉地传入西藏，一千三百多年来藏族人民凭借着他们的勤劳智慧与卓越的艺术天分，在世界屋脊上创造了辉煌的西藏佛教艺术。藏传金铜佛像作为雕塑艺术的一个主要门类，成就骄人，在我国古代雕塑艺术之林中绽放着奇异光彩。

雕塑在藏传佛教的寺庙殿堂中具有至关重要的地位，布达拉宫内的雕塑千姿百态，分布十分广泛，不仅分布在宫内各大殿堂，甚至在走廊上亦可以见到。

布达拉宫内各式各样的上师、本尊、菩萨和佛等的雕塑像，称为"古丹"（藏文音译），古丹是信徒崇拜的象征物。信徒通过崇拜这些象征物，在心中激发起一种对佛法的热诚，以便获取善业功德。因此，为了塑造一个个使信徒崇拜的偶像，从事佛教造像的匠师们要准确无误地按照上师所规定的度量尺寸来进行塑造，使之更加适应藏传佛教的要求。

修建红宫时，第巴桑结嘉措在《南瞻部洲惟一庄严目录》中，对造像尺度作了几种归纳。规范的造像尺度便形成藏传佛教造像的共同特点，这也就是布达拉宫雕塑像的共同特点。

此外，佛的顶光、身体外射光以及法座、座背所配饰物的大体布局如下：法座表面装饰图案及珠宝，其上还以对称的珍禽神兽为饰（一般双狮居多，尚有双孔雀、双大象等）。法座上的月亮表示菩提心，太阳表示皆空，莲花表示厌离心。

座背除了顶光，身体外射光环内一般有六个明显的装饰物（又称座背六灵）。这些装饰物分别是两侧对称的妙翅鸟大鹏，大鹏的双爪扯着一条大蛇；其下各有一位上半身为人形、下半身为龙体的水精龙女；龙女之下为神鳄；神鳄之下为披叶的童子；童子之下为独角兽；独角兽之下为捧座六生灵（即狮子、大象、骏马、孔雀、共命鸟和大力士）之一。布达拉宫内的雕塑像从质地上划分，有泥（合药浆）、石、木、骨、铜、银、金、合金和水晶等。

如果再从大小上划分，这些塑像小到几厘米高，大至几米高不等。布达拉宫主要殿堂和宫室内的雕塑像众多，其中重要的有红宫中的法王洞、世系殿以及响铜殿。

法王洞里的泥塑像为布达拉

宫早期的雕塑像，其造型特点与其他雕塑像有所不同。法王洞里的六尊泥质塑像相传是吐蕃松赞干布时期所造。这些早期的雕塑品以现实人物为对象，造型异常生动，富有个性。

其中有英武精干的法王松赞干布、聪明机敏的文成公主、稳健贤惠的尺尊公主、英俊潇洒的王子孔日孔赞、智慧圆满的吞米桑布扎、精于谋算的禄东赞。

红宫的世袭殿主供的释迦牟尼12岁金质塑像，耗黄金52.47公斤。释迦牟尼面相慈善，神态安详，眉如初月，眼如弯弓，眉间有白毫，左手捧佛钵，右手垂膝，双足结跏趺坐于莲花座中央。

此殿所供的另一尊主像为五世达赖喇嘛银质塑像，耗白银38.94公斤。五世达赖喇嘛相貌坚毅，神态端庄，头戴通人冠，身穿僧衣，右手当胸施礼供印，左手捧宝轮，双足结跏趺坐于法台上。红宫里还保存有松赞干布、文成公主及其大臣、一世至四世达赖喇嘛像。此殿东侧有坐东朝西的萨迦派查育洛色上师像，西侧有十一世达赖喇嘛灵塔。

在布达拉宫金碧辉煌的红宫内有一座小殿堂——利玛拉康，即响铜佛殿。这是一处进深不宽的狭长殿堂，面积不大，没有高大的佛像、灵塔，亦没有华丽的装饰，不大为人注意，游人们往往匆匆而过，实际上这里是收藏珍贵佛像的宝库，是布达拉宫金铜佛像精华的汇聚之地。

藏传金铜佛像雕塑工艺有两种：铸造与打制。大多数是金属浇铸的圆雕佛像，使用材料多为各种铜合金，一般分为红铜、黄铜、青铜，实际上所用铜的种类很多，藏语称为"利玛"，《藏汉大词典》解释其意"指各类响铜制，又特指东印度铜佛像"。西藏众多大寺院都有利玛拉康，收藏寺内的贵重佛像。

布达拉宫响铜佛殿珍藏的金铜佛像有三千多尊，数量众多，精品荟萃。佛像基本为一米以下的中小型，小佛像易于保藏，得以长久流传。其内有大量古代佛像珍品，具有题材丰富、历史悠久、地域广泛、艺术风格多样的鲜明特点。

其中既有汉地所造佛像，也有印度、尼泊尔古佛像，最多的当然还是西藏各个时期的佛像精品，多彩多姿的艺术风格、精美绝伦的工艺技巧令人叹为观止。传世的藏传铜像数量极大，论数量质量难有出其右者，恐怕只有北京故宫的皇家收藏堪与其媲美。

如松赞干布坐像，高38厘米。此像身着翻领大袍，雕刻团龙花纹，全跏趺坐在圆垫上，禅定姿态，面容英俊年轻，器宇轩昂。缠头高冠中露出阿弥陀佛小像。阿弥陀佛作顶髻是观音菩萨的标志，也是松赞干布的形象特征，俗称双头王，表明他是观音的化身。

藏族艺术家以佛教菩萨形象塑造松赞干布敬奉如神，表达对这位民族英雄的憧憬，造像年代如与布达拉宫法王洞松赞干布塑像相比是较晚期的作品。

虽然西藏地处世界屋脊，地理环境独特，但它并不是一个封闭的高原。华夏文化、印度文化、中亚文化都在这里交光互影。藏传佛教历史悠久，流传地域广泛，藏传金铜佛像艺术形式的变化折射出多种艺术来源的相互影响，因此多种地域风格是它的突出特点。

藏族艺术家们善于吸收汉地、印度、尼泊尔、中亚各地的艺术营养，兼容并蓄，博采众长，伴随着佛教艺术的交流，许多印度、尼泊尔等地的古佛像，在西藏保存下来，布达拉宫响铜殿中藏有不少这类珍品。

例如自在观音菩萨像，红铜镏金，高32厘米，是尼泊尔10世纪作品。观音左腿盘坐，右腿曲起，姿态闲适自如。头戴宝冠，顶立阿弥陀佛，袒胸斜披长帛，装饰简约，下着贴体长裙，没有凸起的衣褶，用刻线表现衣褶与花纹。形象庄严祥和，气韵沉雄，生动表现了观音菩萨大慈大悲的本性。

西藏佛教艺术与尼泊尔艺术有着密切联系，特别是13世纪后印度佛教灭寂，印度佛教艺术对西藏影响甚微，使尼泊尔艺术影响更为深广，不仅在西藏，而且扩大到中原内地。

元代尼泊尔匠师阿尼哥随八思巴国师来到大都，长期主持宫廷绘塑之作，以其卓越技艺受到朝廷重用，凡两京寺观之像多出自其手，他把尼泊尔、西藏的金工技艺及佛像传播内地，留下一段中尼友好的千古佳话。

布达拉宫

五、布达拉宫——文化艺术的宝库

布达拉宫所有宫殿、佛堂和走廊的墙壁上，都绘满了壁画，周围还有各种浮雕。壁画和雕塑大都绚丽多彩，题材主要有高原风景、历史传说、佛教故事和布达拉宫建造场面等，具有较高的历史和艺术价值。

宫内收藏了大量文物珍宝，有各式唐卡（佛教卷轴画）近万幅，金质、银质、玉石、木雕、泥塑的各类佛像数以万计。此外还有历代达赖喇嘛的灵塔，明清皇帝的敕书、印玺，各界赠送的印鉴、礼品、匾额和经卷，宫中自用的典籍、法器和供器等。其中如金汁书写的《甘珠尔》、《丹珠尔》（两者都是藏文的《大藏经》）、贝叶经《时轮注疏》、释迦牟尼指骨舍利、清朝皇帝御赐的金册金印等都堪称稀世珍宝，价值连城。

（一）珍贵的壁画

布达拉宫的建成，显示出我国古代藏族人民建筑艺术的优秀传统和独特风格。它集中体现了藏族人民在绘画、雕塑和特种工艺等各方面高度的艺术成就。其中，壁画是这座艺术宝殿的重要组成部分。

现存最早的"曲杰查布"佛殿里，一千三百多年前的壁画至今色泽艳丽。但是，几百年以来，藏传佛教绘画的主体画面没有显著变化，其原因是藏传佛教的传播者上师按照佛教经典，规定了一整套严格的偶像绘画的度量尺度，画师们只能在这个框架之中来发挥和创作。

有鉴于此，布达拉宫的壁画严格按照《绘画度量经》的规定尺寸并灌顶，特别注意了绘画的流派风格和形式特点。

到了7世纪，法王松赞干布统一西藏，西藏绘画艺术进入了繁荣时期。在

中国藏传佛教建筑

布达拉宫法王洞东壁下方发现的壁画，用笔古拙遒劲，人物形态丰满，色彩鲜艳饱和，无疑是吐蕃松赞干布修建布达拉宫时留下的遗作。

在这些画面上还发现了画师们巧妙利用人物面部轮廓来表现一面双脸的特殊技巧。

17世纪中叶，在对布达拉宫进行扩建时，新修的红宫内的壁画均出自藏传佛教中门唐派和堪孜派画家之手。门唐派和堪孜派是藏传佛教绘画的两大派别，后来两派逐渐融为一体，称为门堪派。

门唐派是多扎杰巴的弟子、西藏山南门唐地区著名的艺人门拉·顿珠嘉措创立。门拉·顿珠嘉措撰有专著《造像量度如意珠》。他所创立的门唐画派具有色彩艳丽、对比强烈、刻画细致和富丽堂皇的风格，被誉为西藏的正统画派。

堪孜派由西藏公嘎岗堆巴地区的堪孜钦姆创立。堪孜派受天竺和泥婆罗的影响较大，具有色彩灰暗、构图饱满、人物造型丰满、装饰性强的艺术风格。随着时间的推移，在门堪派的庞大系统之中，又出现了各种不同的绘画风格，不仅保持和继承了藏族的传统技艺，而且吸收了印度、尼泊尔和汉族的艺术风格，具有独特的艺术韵味。

明清以来，藏族的绘画艺术又有了新的发展。在布达拉宫的修建和以后的扩建中，集中了西藏地区各画派的优秀画师从事壁画的创作。在漫长的岁月中，完成了数以万计的壁画作品，使布达拉宫成为名副其实的艺术之宫。

布达拉宫的壁画琳琅满目，美不胜收。大小殿堂、门厅、回廊等墙面无不绘有壁画，仅西大殿二楼画廊就有壁画698幅。壁画取材多样、内容丰富、技法工细、色泽明艳。就壁画题材而言，有表现历史人物、历史故事方面的；也有表现宗教神话、佛经故事方面的；还有表现建筑、民俗、体育、娱乐等富有生活气息的画面。

历史人物画有吐蕃王朝时期的赞普松赞干布、赤松德赞等；有各代达赖喇嘛、班禅喇嘛和西藏历史上有影响的人物桑结嘉措、拉藏汗等人的肖像。这些肖像画都画得十分传神，不仅着力刻画人物的外貌，而且还注意到表现

人物的内在性格。

历史故事画是以史实为依据，表现西藏重要的历史题材。如白宫门廊北壁的文成公主进藏图。这幅壁画分成"使唐求婚""五难婚使""长安送别""公主进藏"等画面，生动地记录了贞观十五年，大唐与吐蕃的联姻史

实，讴歌了藏、汉民族间血肉相连的关系。

红宫西大殿的五世达赖喇嘛朝见顺治皇帝图和十三世达赖灵塔殿内的十三世达赖喇嘛进京觐见图，都反映了清朝时期西藏地方和中央政府之间重要的政治活动。

布达拉宫壁画表现宗教神话、佛经故事的题材，具有浓厚的神秘色彩，是宗教意识最集中、最形象化的表现。

这类壁画每组画往往都安排一尊大型佛像或菩萨像作为壁画的中心，构图严谨、线条简练、色彩富丽，具有鲜明的藏族艺术风格。

布达拉宫里的壁画是藏传佛教绘画中的经典之作，其表现手法极为丰富。例如，白宫西日光殿喜足绝顶宫内的屏式人物画像，笔精而有神韵，常与真人等身。在红宫西有寂圆满大殿的壁画中，有采用俯视构图的大幅画面，场面宏大，人物众多，构图饱满，颇为壮观。

特别引人注目的是那些以表现建筑、民风民俗、体育娱乐等内容为主的富有生活气息的壁画。在建筑题材的壁画中，可以看到大批工匠在聚精会神地叠石砌砖；成千上万的民工抬着巨木，背着沉重的石块，艰难地一步步爬上山坡；森林中有正在砍伐树木的人群、工场里的工人在冶炼加工各种用于建筑的零件。

这是 17 世纪时修筑布达拉宫的画面，对研究西藏古代营造施工技术的历史来说，是十分珍贵的形象资料。

反映民风民俗和体育、娱乐的壁画中，有骑射、角力、游泳、奏乐、舞蹈以及农耕、狩猎、舟渡等。人物形象栩栩如生，生活气息十分浓厚。

西藏的壁画艺术经过长期的演变和发展，形成了独具风格的表现形式和艺术风格。有的以单幅画表现一个主题，有的则用横卷的形式把一个个画面连续

中国藏传佛教建筑

起来。大部分采用对称手法，平面展开，运用了我国传统绘画散点透视的表现方法，用笔有力，线条匀称。

在白宫西日光殿的福足欲聚宫所绘的五世达赖喇嘛业迹图内采用了散点透视，整个画面用"之"字形布局，以山石、树木、行云、流水相间，使全图既独立成章又整体连贯。在西日光殿的福地妙旋宫的宝座后壁绘有苏坚尼布国王的故事图，其中就有采用平远透视构图绘成的小幅人物图。

在红宫上师殿和七世达赖喇嘛灵塔殿内还有采用正视排列而绘成的千尊佛像，庄严肃穆，富有神秘变幻之感。布达拉宫的壁画由于主要采用了当地的矿物质颜料，加之拉萨的充足阳光和干湿适中的环境，状况一般都保存良好，可以在上百年的时间内色泽如新。

在布局方面，由于疏密得当，画面繁而不乱。西藏地区的壁画尽管在构图、设色、结描等方面，都受到汉族绘画的影响，但是人物形象的活泼多姿，在一定程度上也吸收了尼泊尔和印度绘画的某些表现方法。

更主要的是，西藏古代艺术家们能运用本民族固有的文化艺术，并融合外来文化的影响，创造出具有鲜明、强烈的民族风貌的藏族绘画。布达拉宫的壁画艺术正是集中代表了藏族绘画艺术的精华。

（二） 丰富多彩的唐卡

"唐卡"系藏语音译，它是最富有藏族特征的一个画种。

唐卡绘好之后，要在画心四边缝裱绸缎，藏语称"国镶"，国镶四边的大小均有一定的讲究。国镶的下幅长度占画面部分的二分之一，下幅显得稍长，还有好多唐卡在画面的四周有两道红色或黄色的丝带贴面，藏语称"彩虹"。

有时在国镶的下幅中央可以看到一块绚丽精美的锦缎，这块锦缎可以是任何颜色，任何形状。锦缎位于唐卡下幅的中央，叫做"郭嘎"或"托居"。有时在国镶的上幅中央也有一块锦缎。

国镶缝制好后，要在唐卡上下边里穿"唐心"和"止心"的圆木棒，将唐卡的底边卷好将其撑住。根据唐卡的大小确定"唐心"的粗细。一般"唐心"的长度与唐卡的宽度基本相同，"止心"两端可较唐卡宽度再长出3厘米，两边还套有大多为檀香木、金、银所作的轴。有了"唐心"之后，把唐卡卷起来就方便多了，故唐卡又称卷轴画。

据记载，两千多年前，佛陀释迦牟尼的第一张画像是在王舍城的影坚王为回报扎初的乌扎衍那王，经佛陀同意后，回赠乌扎衍那王的佛画像。7世纪佛教传入西藏前，西藏原始苯地教——"苯教"出现以后，有了苯教的一些特有图案。但是由于没有文献等资料，无法确定当时是否有唐卡绘制。

根据《西藏王统记》《青史》等史料可推测，西藏绘画艺术的起源与佛教的传入和发展是同步的。《大昭寺目录》记载："法王松赞干布用鼻血绘制了一幅吉祥天女的画像。"虽然此像已失传，但可以推测7世纪后已经开始出现西藏本地的绘画唐卡。

赤松德赞和热巴巾时代佛教势力兴盛，建造乌香多无比吉祥增善寺的时候，从内地、印度、尼泊尔等地请来一大批画师，由此绘画艺术在很大程度上得到发展。到了五世达赖喇嘛时期，唐卡绘画达到顶峰，各种流派、风格大量涌现。内地也出现各种织锦类的唐卡，可见民族文化艺术已互相渗透并日趋成熟。

唐卡有的是单幅，如各种佛像、菩萨像以及西藏佛教大师、各代达赖喇嘛、班禅喇嘛的肖像画。也有成套的，如反映佛传故事、宗教教义或神话传说等题材。这类唐卡有浓郁的宗教气息，也可以说是宗教画。

但唐卡的内容不仅仅局限于宗教题材，还有相当一部分是取材于西藏历史故事、生活习俗、天文历算和藏医藏药等题材。唐卡历来被藏族人民视为珍宝。

布达拉宫保存有近万幅唐卡，唐卡通常高一米左右，大的可达几米、几十米。宫内珍藏的唐卡大部分是明清以来西藏地区各画派著名画师的作品。

布达拉宫唐卡内容繁多，既有多姿多态的佛像，也有反映藏族历史和民族风情的画面。西藏唐卡构图严谨、均衡、丰满、多变，画法主要以工笔重彩与白描为主。

唐卡的品种和质地多种多样，但多数是在布面和纸面上绘制的。另外也有刺绣、织锦、缂丝和贴花等织物唐卡，有的还在五彩缤纷的花纹上，将珠玉宝石用金丝缀于其间，珠联璧合。唐卡绘画艺术是西藏文化的奇葩，千余年来影响深远。

刺绣唐卡是用各色丝线绣成，凡山水、人物、花卉、翎毛、亭台、楼阁等均可刺绣。织锦唐卡是以缎纹为地，用数色之丝为纬，间错提花而织造，粘贴在织物上，故又称"堆绣"。贴花唐卡是用各色彩缎，剪裁成各种人物和图形，粘贴在织物上。

缂丝唐卡是用"通经断纬"的方法，使用各色纬线，富于强烈的装饰性。有的还在五彩缤纷的花纹上，把珠玉宝石用金丝缀于其间，珠联璧合，金彩辉映，格外地灿烂夺目。缂丝是我国特有的将绘画移植于丝织品上的特种工艺品。这些织物唐卡，质地紧密而厚实、构图严谨、花纹精致、色彩绚丽。

西藏的织物唐卡多是内地特制的，其中尤以明代永乐、成化年间传到西藏的为多，后来西藏本地也能生产刺绣和贴花一类的织物唐卡了。印刷唐卡有两种，一种是满幅套色印刷后装裱的；还有一种是先将画好的图像刻成雕板，用墨印于薄绢或细布上，然后着色装裱而成的。这种唐卡笔画纤细，刀法遒劲，设色多为墨染其外，朱画其内，层次分明，别具一格。图案花纹需要处与经丝交织，视之如雕镂之象，风貌典雅，富有立体装饰效果。目前，市面上所售的多是印刷唐卡与绘制唐卡。

君友会唐卡艺术珍品西藏唐卡源远流长，内容丰富，数量可观，但由于社会的各种动乱，唐宋时期的古老绘画保存下来的唐卡已不多见。在萨迹寺保存有一幅叫做"桑结东厦"的唐卡，上画三十五尊佛像，其古朴典雅的风格与敦煌石窟中同时期的壁画极为相似，据说是吐蕃时期的作品，是一件极为罕见的珍贵文物。

宋代的唐卡，在布达拉宫见到三幅，其中两幅是在内地订做的缂丝唐卡。帕玛顿月珠巴像的下方有藏文题款，意思是说江村扎订做这幅唐卡

布达拉宫

33

赠送其师扎巴坚赞。扎巴坚赞是萨迦五祖的第三祖师，1182年继任萨迦达钦。

另有一幅贡塘喇嘛相像，贡塘喇嘛相生于1123年，死于1194年，他的这幅近乎写生画的缂丝唐卡，也属宋末的作品。还有一幅米拉日巴的传记唐卡，主要描绘米拉日巴苦修的情节，朴实而简括的构图，据有关行家鉴定，系宋代的一幅绘画唐卡。莲花网目观音像，画面不求工细富丽，而以清秀的色彩渲染主题，堪称元代的代表作。

明清两代，中央政府为了加强对西藏地方的统治，采取敕封西藏佛教各派首领的办法，明封八王，清封达赖、班禅及呼图克图即是这种管理的具体实施。这些措施对西藏社会的安定和社会经济、文化的发展都是有利的，西藏的唐卡艺术也随之发展到了一个新的高峰。

这个时期的唐卡，数量明显增多，形成了不同风格的画派，这是西藏绘画长期发展的必然结果，也是西藏绘画艺术日趋成熟的表现。大体说来，前藏的唐卡构图严谨，笔力精细，尤擅肖像，善于刻画人物的内心世界。后藏的唐卡用笔细腻，风格华丽，构图讲究饱满，线条精细，着色浓艳，属工笔彩的画法。

从布达拉宫建成至今已经过去了上千年，独特的布达拉宫是神圣的，因为每当提及它时都会很自然地联想起西藏。在人们心中，这座凝结藏族劳动人民智慧，目睹汉藏文化交流的古建筑群，以其辉煌的雄姿和藏传佛教圣地的地位成为了藏民族的象征。

在历史的长河之中，布达拉宫留下了自己辉煌的一页，它见证了藏族人民勤劳、朴实的民族性格，展现出藏族人民的非凡才智，体现着藏传佛教在广袤的国土上得以宣传和弘扬的艰难经历，表现了藏族人民不屈不挠的品质。

总之，人们眼中的布达拉宫，不论是从其恢弘壮丽的外观，还是从宫殿本身所蕴藏的文化内涵来看，都能感受到它那深邃的意蕴。它似乎总能让到过这里的人留有深刻的印象，以后它也必将谱写出汉藏团结、共同繁荣发展的又一个华丽的篇章。

大昭寺

人们说西藏独特是因为民族，神秘是因为宗教。大昭寺的著名喇嘛尼玛次仁说："去拉萨而没有到大昭寺就等于没去过拉萨。"日光常年照耀着大昭寺，阳光像流水一样冲刷着大昭寺，却冲不走那些松赞干布、尺尊公主和文成公主建造寺庙动人的传说，世世代代人们手中滚动着曼佗罗，在绵延的高山，无边的草原上讲述着大昭寺建造时如何镇住罗刹女，如何"羊土神变寺"，如何请来释迦牟尼像……

一、大昭寺史事述略

拉萨市中心的大昭寺，又名"祖拉康"(藏语意为佛殿)，它是西藏的第一座寺庙，同时它也是唐蕃友好的象征。始建于公元 647 年（唐贞观二十一年），建成于公元 650 年（永徽元年）。

在历史上，尼泊尔与中国的关系源远流长，很早就与中国展开了贸易通商。到李查维王朝时期，由于尺尊公主远嫁吐蕃王松赞干布，中尼关系发展到一个顶峰。传说，尼泊尔国王的女儿尺尊公主美若天仙，她的美名甚至传到了喜马拉雅山另一端的吐蕃，当时的吐蕃王松赞干布被她的美丽深深吸引，于是派专使来到尼泊尔求婚。公元 639 年，松赞干布将尺尊公主封为王妃。佛教也伴随着尺尊公主来到了中国的西藏高原。而松赞干布的第二位妻子就是唐朝的文成公主，文成公主也把唐王朝的先进文化引进西藏。两位公主协力合作，改变了日后整个西藏的社会和文化。大昭寺就是松赞干布迎娶唐文成公主、尼泊尔尺尊公主后，由藏族劳动人民为主体建成的，距今已有一千三百多年的历史。

（一）大昭寺的建立背景

大昭寺是随着藏传佛教在青藏高原特殊的人文地理环境下初传而建立的。佛教流入之前，西藏盛行的是苯波教。苯波教没有经典，没有系统教义，近乎原始宗教，相信天地有灵，主要功能是占卜，禳灾，降妖。公元 7 世纪初，松赞干布制定严明法规，制定人伦道德法规包括敬慕贤哲，善用资财，以德报德，

秤斗无欺，不相嫉妒，和婉善语，心量宽宏等。同时还发明藏文，翻译佛教典籍，迎请佛像，建造寺院。西藏人民传说文成公主是白度母，尺尊公主是绿度母，读做卓玛，是观音菩萨的两滴眼泪的化身，相信她们是来救苦救难的。大小昭寺就是在此人文背

中
国
藏
传
佛
教
建
筑

景下建立的。

（二）大昭寺的建造原因

大昭寺是藏王松赞干布为了建立一个传播佛教的基地而着手建造的。此后成了历代赞普传承佛法的主要寺庙。8世纪赞普赤松德赞在建造桑耶寺所立石碑中就提到：“赞普松赞干布时，建立了逻婆白哈尔（大昭寺古称），弘扬佛法，此后到赞普赤德祖赞时，又建立了扎玛瓜洲神殿……”这说明不仅松赞干布建造了大昭寺，而且历代赞普都建有寺庙。

关于修建大昭寺的起因，达仓巴《汉藏史集》有详细的叙述：“文成公主谒见藏王，然后藏王、两位公主及随臣欢聚一起，极其高兴。后来藏王想起要建造安放佛像的大昭寺，于是，藏王说：‘百姓们，你们帮我把寺庙建起来。’命令下达后，大家分赴各地，为建造寺庙做准备工作。”藏王先给百姓以丰盛的酒、食物，然后布置具体任务。有的去烧砖，有的去垒墙，有的去和泥，不久就把底层砌起来了。从以上记载看，松赞干布建造大昭寺的目的是为了传播佛教，以巩固赞普的统治，并以此为基地，把佛教弘布到全藏各地。

（三）大昭寺的历史沿革

公元8世纪上半叶，吐蕃大臣玛香冲巴吉独揽大权，他推行灭佛政策，大昭寺被大规模地破坏。到了公元8世纪下半叶，赤松德赞时期大力弘扬佛法，大昭寺得到修复。其间，经元、明、清历代多次修整、扩建，才形成如今的规模。在修建大昭寺的同时，在稍微靠北的地方修建了小昭寺，供奉文成公主从长安请来的释迦牟尼12岁等身坐像。大约过了七八十年，佛祖12岁等身像移到了大昭寺供奉。

（四）大昭寺的传说

史书上记载，大臣禄东赞和吞米三布扎，遵照藏王松赞干布意旨，迎娶文

大昭寺

成公主和尺尊公主。两位公主各自带来了一尊珍贵的释迦牟尼的佛像，作为最贵重的陪嫁。尼泊尔公主带来的是释迦牟尼8岁时的等身像；文成公主从长安请来的是一尊12岁的释迦牟尼等身佛像。这两尊佛像是最早进入雪域高原的佛像。为了供养神圣的佛像，松赞干布开始修建西藏佛教历史上最早的佛教建筑物——大昭寺和小昭寺。关于大昭寺的建造过程，流传着许多动人的神话故事。

据说松赞干布向尺尊公主许诺，他抛下戒指，在戒指所落之处修建佛殿。松赞干布的戒指，最后落到湖内，霎时湖面金光闪闪，并且出现了一座九级白塔。在这令人称奇的选址过后，尺尊公主在松赞干布的支持下，便开始了大规模的动工填湖，兴建大昭寺。

相传建大昭寺时，几次均遭水淹。文成公主会堪舆，即今天我们所说的会看风水。藏王请文成公主按照中原察看风水、八卦运算的方法来帮忙建造。文成公主运用阴阳五行算法，把整个西藏的地形画了出来，并测算了周围地形的吉凶。看完地形，文成公主指出雪域之地犹如罗刹魔女仰天大卧，而卧塘湖正好是魔女心口上的胸骨。她认为要填平卧塘湖，并在上面盖起寺庙，才能消灾驱魔。藏王一心想"发挥胜妙之功德"，于是便听文成公主的建议。在卧塘湖上修建释迦牟尼佛殿，在红山、药王山上修建国王宫殿。接着文成公主为了彻底驱除地煞，按照五行算法，又在大昭寺东南角上，用石头雕刻了一尊大自在天王；在西南角上，用石头雕刻了一只大鹏鸟；在西边，修起了石塔；在北边，建成了石狮，都从不同方向向外看。这在各种史籍中都有记载，我们至今仍可在大昭寺外墙的各个部位看到。并且松赞干布遵守了当初迎娶唐、尼公主时所定的信约，规定大昭寺门朝西，小昭寺门朝东。

大昭寺位于拉萨卧塘平原的中心，别名又称"四喜奇幻寺"。传说初建大殿时，天众、龙众、歌众、夜叉四者皆大欢喜，故得名。藏语又称大昭寺为"觉康"，意为释迦牟尼佛殿，全称是"日阿萨出朗祖拉康"，意为"羊土幻异寺"。为什么又有这一称呼呢？

大昭寺建造时曾经以山羊驮土，因而最初的佛殿曾被命名为"羊土神变寺"。山羊是建造寺院主要的运输工具，就是依靠着山羊驮

中国藏传佛教建筑

土硬生生地把这个湖泊填平了。藏族民歌这样唱道："大昭寺未建大昭寺建，大昭寺建在卧塘湖上面。"为了感激羊对大昭寺的贡献，纪念建寺时山羊搬沙土所立下的功劳，大昭寺在佛殿的墙角边做了一个小山羊的塑像，并且涂饰金子。很多当地人把它当做神羊，经常来膜拜。

　　拉萨 la 在藏语里是佛的意思，sa 是地的意思。而最早拉萨不叫 lasa，古文书上称为 rasa，ra 是山羊的意思，sa 代表土地，合在一起意为山羊建的地方。因为修建了佛殿，里面供奉了佛祖的像，有佛经、佛塔，吸引了四面八方的信徒来这里朝圣，于是这里被公认为是有灵气的地方，是佛地。今天的拉萨这个名字就是从大昭寺演变而来的。

　　传说毕竟带有神话色彩，是人们出于美好意愿虚构的。大昭寺填湖而建，这却是事实。且不说至今拉萨城郊还残留着众多的沼泽，就在大昭寺内，也保留着历史的见证。在主佛殿一侧的黄教祖师宗喀巴的塑像下，有一扇不起眼的小门。门内别无他物，只有一眼黑洞洞的深井，井壁由原木叠垒而成。据说这井底便是原来的湖底，当年填湖填到这一井之地时，就怎么也填不住了，因为这里是泉眼。最后只好以粗原木筑井，然后在井上施工建寺。以前这里是禁地，只在每年藏历四月十五日开启一次，投食下井，布施鱼鳖之族。另外，据藏文史书记载，大昭寺始建于公元 647 年，即是文成公主进藏以后。这位目光远大的公主进藏之时，除了带来丰富的典籍，而且带来了许多能工巧匠，其中也有技艺高超的建筑师。从今天大昭寺的建筑也可看出，大昭寺既具有浓郁的藏族韵味，也明显融进了大量汉族建筑技术的精萃。

　　如果你来到大昭寺，会看到一百零八个人面狮身像，你一定会惊奇，它们的鼻子都是扁平的。相传，松赞干布也亲自参加大昭寺的修建过程，后来感动了天上的神仙，纷纷下来帮忙。一天松赞干布正手持着斧子上梁，尺尊公主的奴仆来送饭，看到有千千万万个藏王在那里，惊慌失措，赶紧回去报告尺尊公主。公主闻讯赶来，看到大吃一惊，不由惊叹出声，由于松赞干布当时正专心致志，突然听到尺尊公主的声音，手一抖，斧子不慎下滑，于是就将承檐的人面狮身像的鼻梁削平了。

二、松赞干布求婚

藏族民间故事是藏族民间文学的一个重要组成部分，是广大藏族人民在历史的长河中，拾取生产与生活的片断与记忆不懈地和大自然交流而编织出来的口头文学作品。远古时代，藏族先民就编织过不少神话传说，他们把自然界的日月星辰解释为神造的物体，认为万物都是神的赐予。

没有文成公主和松赞干布的结合，大昭寺便不会在藏区建立起来。在西藏这片宁静祥和的土地上，关于松赞干布和文成公主的婚姻还流传着一段神奇美丽的民间故事。

（一）料事如神的松赞干布

传说有一天，藏王松赞干布对他的大臣禄东赞说："久闻唐朝文成公主才貌双全，端庄娴雅，你如果能到内地将公主请来，不仅能使王室生辉，而且会给我们的经济、文化带来巨大好处，还能促进我们和大唐的关系。"大臣禄东赞回答说："唐朝国家清明，唐太宗仁政亲民，相传文成公主又聪明伶俐，如果他们问我们的情况，微臣该怎么回答呢？"松赞干布交给他三封信，并说："我已经料到唐太宗要问三个问题，信里我已经写得很详细了，到时你就照信里的内容回复即可。"于是禄东赞怀揣这三封信，信心十足地出发了。

禄东赞和随从一路上跋山涉水，千辛万苦终于来到了长安。来到唐王的宫殿，禄东赞发现宫殿聚集了许多外国国王的使节。而且惊讶地得知印度佛国的

国王格桑尔王也派人向文成公主求婚。唐太宗听别人说藏人吃生肉，住帐篷，十分落后，不愿意舍将文成公主嫁给藏王，所以也迟迟不愿接见禄东赞，禄东赞不气馁，发誓一定要完成藏王交给的任务，于是就租了一间房子，耐心等待机会。

一次，唐太宗出宫游玩，经过藏族使节的住处时，禄东赞连同其他随从早已等候在此，于是唐太宗进入藏族使节住处，禄东赞向唐太宗呈上了一套制作精良的铠甲，并说："这套铠甲是我们藏王松赞干布敬献给您的，穿上它会抵御一切灾祸。我们藏王托我诚心诚意地向您和天朝尊贵美丽的文成公主表达敬意，并请求她能嫁到我们藏区来，缔结两族友好。"唐太宗说："尽管我知道藏王有超人的威望，藏族地区物产丰富，可不知你们是否有法律法规呢？"禄东赞暗中打开藏王给的第一封信，呈献给唐太宗，里面竟然是一整套详明的藏族法律十二种，唐太宗满意地点点头，又问："那么你们有没有佛学呢？"禄东赞展开第二封信，松赞干布在信中对唐王说："我一个人能化成五千种佛，能站在你们一百零八座庙宇的门槛上。"唐太宗看完第二封信，又问："不知道你们藏区粮食种类是否齐全呢？"禄东赞赶快呈献了第三封信，信中说："您若问我藏区的粮食是否齐全，我可以立刻变成一只冬鼠，把世界上所有的粮食全部集中到我的王宫来。"唐太宗看完这三封信说："我对你们藏王的回答十分满意，没想到你们藏区治理得这么好。不过在你之前已经有许多其他国家的国王向我提出和亲要求，因此我只有通过智力竞赛，才能决定把文成公主嫁给谁。你好好准备吧。"

大昭寺

（二）　聪明睿智的禄东赞

第二天，求婚的使者全都集中到王宫里，大家都在猜测唐太宗会出什么题。唐太宗命人拿来一块玉石，并告诉众人说："谁能把丝线穿过这块玉石，就证明谁是聪明人，我就把女儿嫁给那个国家的王。"这块玉石的洞很小，并且洞还是弯弯曲曲的，求婚的使者费了很大的力气，都没能把丝线穿过洞去。禄东赞在其他使者试的时候冥思苦想，忽然他看到桌上牛奶碗里有一只小蚂蚁，灵机一动想出了方法。最后轮到禄东赞了，他不紧不慢，捉住了蚂蚁，在它身上系了一根丝线，把它放在洞的一端。众人都惊诧，不知道他葫芦里卖的什么药。只见他对蚂蚁轻轻哈气，蚂蚁便顺着弯弯的洞向前爬，不一会，众人惊奇地发现，蚂蚁带着丝线爬过了洞口，众人都敬佩不已。禄东赞扯着丝线两端，骄傲地给唐太宗和其他人看，并对太宗说："您看到了吧，我们藏地的人不笨，现在我通过了测试，该把文成公主嫁给我们藏王了吧！"岂料唐太宗说："这还不够，还要另外举行一个比赛。"

接着，唐太宗给每个人一百头绵羊，叫他们同时杀，同时吃，并把皮子鞣好。谁先把绵羊吃完，鞣好皮，就把文成公主嫁给他所在的国家。外国使者们听到后开始大力吃，可是个个肚子撑得圆圆的，也没有把绵羊吃完。一个劲鞣皮子，手都鞣破了，也没能将羊皮鞣好，个个垂头丧气。可是禄东赞却想出了一个好方法，是什么方法呢？他请了一百个人，按顺序排列好，羊在后面排起。每人都吃一口，鞣一下羊皮，等传到第一百个人时，羊肉吃完了，同时羊皮也鞣好了。禄东赞对唐太宗说："您提出的这个问题，别的国家都没有办到，而我们又办到了，请把文成公主嫁给我们伟大的藏王松赞干布吧！"唐太宗说："这个

还不够，我发给你们每个外国使节一百个罐子，你们谁先把罐子里的酒喝光，并且还没醉，我就把公主嫁给他所在的国家。"于是使节们急忙抱起罐子就喝，最后都喝得醉醺醺的，也没喝光。聪明的藏臣想，这可不能蛮干，于是他想出一个点子，按上次吃羊肉的方法，找了一百个人，按顺序排好，一人一口轮换着喝，等到第一百个人，酒喝完了，大家也没有醉。唐太宗很高兴，对藏臣

说："你真是一个聪明的人，以上几次比赛，别的国家都没有做到，唯独你做到了。不过，文成公主是皇室贵胄，我一定要给她挑一个好的夫君，你还要接受下面的考验。"禄东赞说："我会接受您的考验，证明我们藏王是大唐最好的女婿。"于是，下一场比赛开始了。

这次，唐太宗给每个国家的使节一百匹母马，再牵一百匹小马，让他们把小马牵到亲生的母亲身边。大家都一筹莫展，胡乱地辨认一番，也没能认对一对。禄东赞绞尽脑汁，心情平静地想了一会，渐渐地眉头舒展开来，让人将一百匹母马拴在一个房间里，再把一百匹小马关在另一个房子里。第二天早晨，

先让人解开了母马，放它们到河边喝水，然后放了全部小马，小马于是便到河边各自找到了自己的母亲。以上各项任务，禄东赞全都圆满地完成了，别的国家使节一个也没办到，禄东赞再次请求唐太宗把文成公主嫁给藏王松

大昭寺

赞干布。唐太宗安慰他道："你很聪明，我很欣赏你，若明天通过最后一次智力比赛，你就可以如愿了。东大门有一个大院坝，院坝里面有五百公主列队，你要在这五百位公主里面挑出文成公主，我就信守诺言将她嫁到藏地。"禄东赞这下犯难了，心想：为了求文成公主进藏，我已经在唐太宗的宫殿里住了五年时间，现在进行了这么多次智力比赛，我都通过了，但明天能通过吗？现在是最关键的时候，如果不成，我这五年时间可都白白浪费了。禄东赞回到住处，一脸愁容。

禄东赞的房东是个善良美丽的女子，她早已经被他求公主进藏的诚恳和不懈的精神打动。于是便安慰他不要担心，说道："你是藏王的代表，你很有智谋，我很佩服你，明天你放心，我可以帮助你在五百位公主中一眼挑出文成公主。你要替我保密，不然我会被唐太宗惩罚，我可以告诉你文成公主的相貌。"禄东赞千恩万谢，于是他们两人商量好在房子里挖洞，挖了很深的时候，发现有很多有毒的蚂蚁。便在洞口盖了一层厚厚的树桠，上面放着铜锅，铜锅里放着满满的水，并盖了盖，女房坐在锅盖的跟前，禄东赞用了一个很长的筒听着。不一会，房东对他说："你千万不要从右边找，从左边开始找，左边第五个和第七个中间就是文成公主。她的身体不高也不矮，脸色白里透红，脸型有点像梅朵娥巴花。"禄东赞听好心的房东说完，顿时感到万分轻松。

开始选了，格桑尔王的国王和管家左看看，右看看，也没选出来，最后只好随便选了一个女子。其他国家的使节也只好抱着试试看的态度，照例随便选了一个女子。轮到禄东赞选时，他很激动，左望望，右瞅瞅，想着房东的话，仔细打量了一番，最后用一根小棒棒把从左边数第六个女子引了出来。唐太宗走到使节们面前说："你们都在大唐住了这么长时间，都恳求把文成公主嫁给你们，我只好用智力比赛方法来决定这件事。现在藏王的大臣在这次比赛中胜利

了，我决定要把文成公主嫁到藏地，嫁给松赞干布。"

（三）深明大义的文成公主

文成公主也欣然同意，禄东赞对公主说："我们藏地并不像传说中的物产贫乏，没有法律，我们的生活也不是像传闻的那么穷。我们有高山，有草原，还有各种各样的动物，公主您不要担心。"文成公主说："我并不担心，虽然我知道藏地的生活肯定没有我在大唐生活舒适，但我相信你讲的话，而且知道你和藏王是有仁有志的人，而且藏地人民淳朴，我一定会和他们相处得十分愉快。我能嫁到藏地是一件荣耀的事情。"各国使臣对文成公主的胆识和见解都称叹不已。

文成公主回宫后，对唐太宗说："今后我就要到藏族地区去了，我请求您能让我带一些药物、医书并且带一些能工巧匠，让藏族人民学会我们的技术。"唐太宗欣然应允，并对文成公主谆谆教诲道："你嫁到藏地，这是神灵的旨意，我虽然舍不得，但也只能遵照承诺让你安心地走了。走时，把藏族地地缺少的东西全部带上，让藏地人民感受到我们对他们的感情。另外到了藏地，切记一定要好好服侍藏王，不要端公主架子。你是公主，更是他的妻子，要关心平民，要辅佐松赞干布治理好藏区，这是涉及汉藏关系的大事。"文成公主回答说："我会谨记您的教诲，我想带去释迦牟尼12岁等身像，光大佛旨。我还希望您允许我把麦种、水稻种和蔬菜种子带到藏地。"唐王全部答应了文成公主的要求，并吩咐下面准备妥当。这样，文成公主就带着护送将士、佣人及满载着物资的车马浩浩荡荡地出发了。

从流传的这个故事看，藏族人民能迎来文成公主费了很多心血，禄东赞到唐朝请求文成公主入藏，等了五年，费尽了周折，终于成功了，最后才能把文成公主平安带到藏王那里。文成公主入藏后带来了汉族人民的情意，带去了农作物种子，带去了医书，传播了许多技术。从此，中原地

中国藏传佛教建筑

区的农具制造、纺织、建筑、造纸、冶金等生产技术和医疗、历算等科学知识传入吐蕃，吐蕃的药材和马匹也不断地运往内地，同时还派遣弟子到长安学习。文成公主与松赞干布的联姻，无疑对促进汉藏两族的友好关系和经济、文化的交流起到了积极的作用。

从故事中可以看到，唐太宗李世民英明守信，文成公主深明大义。至今藏族人民仍口耳相传，盛赞聪明坚贞的藏臣和慈母般的文成公主。

还有许多歌谣里也赞颂着：

文成公主需要什么？需要头饰。公主有珊瑚琥珀，敬上银质的装饰。

文成公主需要什么？需要耳饰。公主有金质耳环，敬上银质的装饰。

文成公主需要什么？需要胸饰。公主有拉萨嘎乌，敬上银质的装饰。

文成公主需要什么？需要脚饰。公主有汉地靴子，敬上银质的装饰。

足见藏区人民对文成公主的爱戴，因为在一定程度上可以说，没有文成公主进藏就没有大小昭寺，没有大昭寺就没有拉萨市。

大昭寺

三、藏汉友好象征

"情谊深厚的亲友像长在山岩上的翠柏，斧头也不能把它连根砍掉，翠柏的根深扎在岩石之中。情谊深切的亲友是开在草地上的鲜花，寒霜也不能把它扼杀摧残，鲜花的根深扎在草地深处。"藏族人民和汉族人民，自古就是情投意合的朋友，世世代代流传的民歌中传诵着两族人民的友谊。

在藏族人民的颂歌中，他们把藏汉关系比作鱼水情深，表现了藏族人民和汉族人民的朴素情感。藏族民间歌谣里有一首颂赞歌这样唱道："藏人汉人团结在一块，我们的心永远分不开；就像哈达的经纬线，紧紧密密地织起来。"还有一首名叫草原和花是一家人的歌曲，大致内容是这样的："草原和花是一家人，花是草原的好朋友；我的草原呀你别愁，花谢了明年还会开！高山和雪是一家人，雪是高山的好朋友；我的高山呀你别愁，雪化了明年还会落！藏人汉人是一家人，汉人是藏人的好朋友；我的藏胞呀你别愁，我走了明年还会来。"

大昭寺作为藏汉合作的杰作，许多建筑都寄托着藏汉两族人民的情意，现在已成为藏汉友好交往的历史见证。

（一）公主柳

来大昭寺的人也不完全是为了朝佛，有人在磕过几个长头之后，便会到大昭寺广场西侧一个小院落墙外绕圈去了，还不时用额头恭敬地轻触墙边的石碑。围墙内屹立着一只老干虬枝的巨大枯柳，表皮尽褪的树干在阳光下反射着阵阵白光，让人觉得神秘莫测，这就是著名的"唐柳"。

相传这棵柳树是一千三百多年前，唐代文成公主远嫁西藏松赞干布，由于担心自己思念家乡，特地从长安带去的柳树苗种，植于拉萨大昭寺周围，以表达对柳树成荫的故乡的思念。因此，这些树被称为"唐柳"或"公主柳"。千百年来，西藏大地历尽沧桑，屡经战火，但人民一直把它当做藏汉两族缔亲的见证人一样精心保护着，尽管现在它只留下苍老的枯干，可人们仍然不忍心将它挖去，人们在枯树旁重植几株嫩柳，寄托着对"公主柳"的绵绵情思，同时也寓意藏汉团结又谱写了新的篇章。古柳苍劲，仿佛是历史的老人，倾诉着民族交往的往事，新柳迎风，像是俊逸的后生，祝愿更加团结的前程。

（二）唐蕃会盟碑

松赞干布奠定了吐蕃与唐朝两百余年频繁往来的"甥舅亲谊"。后来唐朝又有一位公主和藏地的王缔结婚姻。公元 710 年，金城公主携带绣花锦缎数万匹，工技书籍多种和一些器物入蕃，嫁给了吐蕃王赤德祖赞。当时金城公主入藏后，资助于田（今新疆境内）等地佛教僧人入藏建寺译经，并向唐朝求得《礼记》《左传》《文选》等典籍。公元 821 年，吐蕃王三次派员到长安请求会盟。唐穆宗命宰相等官员与吐蕃会盟官员在长安西郊举行了隆重的会盟仪式。次年，唐朝派刘元鼎等人到吐蕃寻盟，与吐蕃僧相钵阐布和大相尚绮心儿等人结盟于拉萨东郊。此次会盟时间为唐长庆元年（822 年）和二年（823 年），史称"长庆会盟"。记载这次会盟内容的石刻"唐蕃会盟碑"共有三块，其中一块立于拉萨大昭寺前。

在公主柳前，立着三通石碑。其中最引人注目的就是这座为纪念大唐和吐蕃最后一次会盟而立的"唐蕃会盟碑"。因碑文中强调了文成和金城两位公主嫁给前代赞普的事情，说明唐穆宗和赤德祖赞的舅甥亲缘关系，因此也叫"拉萨会盟碑""长庆会盟碑""甥舅会盟碑""唐蕃和盟碑"；藏语称为"祖拉康多仁（大昭寺碑）"或"拉萨多仁（拉萨碑）"。碑高 342 厘米、宽 82 厘米、厚 35 厘米，碑文用藏、汉两

种文字。公元 9 世纪，唐朝与吐蕃王朝达成和好，以求"彼此不为寇敌，不举兵革""务令百姓安泰，所思如一"和"永崇甥舅之好"之目的。当时的赞普赤德祖赞为表示两国人民世代友好之诚心，立此碑于大昭寺前，碑文朴实无华，言辞恳切，虽然碑身已有风化，但是大多数碑文仍清晰可辨。

碑文详细记载了唐穆宗和吐蕃赞普可黎可足（赤祖德赞）和好的史实。公元 7 至 9 世纪，中国境内以唐王朝最强，吐蕃王朝次之。公元 641 年，唐太宗以宗室女文成公主许配吐蕃赞普松赞干布为妻，开创了汉藏友好交往的先河。9 世纪初，赤德赞普继位之时，因吐蕃连年征战，再加上内部连年分裂，势力大减；唐朝也因受安史之乱的影响，受到重挫，由盛转衰。因此，在此情况下，双方都愿意结成联盟，互相支持。于是在长庆元年（821 年），赤德祖赞遣使赴唐请盟。唐穆宗欣然应允，委派宰相等重臣十余人与吐蕃的使臣会盟于长安西郊。随后，唐朝又派了大理卿为会盟使节，跟随着吐蕃碑一同进入藏区。次年 5 月在拉萨设坛誓盟，第三年便勒石立碑记其事。记述了"舅甥二主，商议社稷如一，结立大和盟约"的经过、意义以及唐蕃双方与盟官员的名单，表明了唐王朝与吐蕃政权以甥舅情谊会盟立誓，信守和好，合社稷为一家的共同愿望，成为当时各族人民情深谊厚的历史见证。

它像"公主柳"一样被人们当做民族团结的象征。藏族老人们绕柳而行，以额触碑，正是表达对历史往事的追思，对文成公主和松赞干布等为加强汉藏团结作出过杰出贡献的人物的崇敬之情。

（三）种痘碑

距唐蕃会盟碑南侧数米处，还前后排列有另外两通碑：后面的是一通无字碑，根据碑制分析，约为明朝时所立。前面的是"永远遵行碑"（也叫劝恤种痘碑），种痘碑通高 3.3 米，宽 1.2 米，虔诚的百姓常常用卵石敲砸，年深日久，种痘碑已经遍体鳞伤，形成许多臼形窝坑。现在碑文模糊不清，但是在历史上不会遗忘它的功绩。

种痘碑是清朝乾隆五十九年（1794年）3月驻藏大臣和琳所建立的。历史上西藏的科技水平一直要比内地落后，直到18世纪末期还不知道如何运用种痘来防治天花病的发生，也没有治疗之法。所以在藏区一直把出痘当做不治之症，对天花病都十分恐惧。一有得天花者，便被视为绝症，亲人不相往来，弃之不顾。和琳到任以后，看到当时西藏天花流行，病人被赶到山野岩洞，任其死亡。作为驻藏大臣，他火速把情况呈报给中央。清政府了解到这种情况后，本着抚恤、关心藏区人民角度出发，就派遣清朝总理西藏事务大臣和琳在西藏北部浪荡沟投资修建房屋，把出痘的当地民众接到里面。和琳命人专门护理天花病人，尽心调养治疗。中央政府让他们安心居住，细心照料，发给他们口粮。并且还大规模在藏区传授接种牛痘的方法，在精心的治疗下，许多患者病情痊愈，幸运地存活了下来。

事后和琳还严谕前后藏，劝令班禅和达赖以后照此办理。为了纪念这一事件，事后在大昭寺前树立了这块种痘碑，让藏人懂得痘疹并非不治之症的道理，将接种牛痘的方法教给当地人民。从此，天花病这一藏区历史上的绝症，在当地彻底得到了治疗和预防。

大昭寺

四、大昭寺的宗教生活

在青藏高原，虔诚的佛教徒往往把朝拜寺庙当做人生大事，每当宗教节日到来，在大昭寺就有来自青藏高原各地的信徒朝拜，也有来自四川、甘肃的藏族聚居区的信徒。他们千辛万苦来到大昭寺，在佛像面前献上金黄的酥油，各种颜色的哈达，许多人一丝不苟地转着转经筒；也有许多人围着寺院经堂磕长头，他们全都匍匐在地，一步一叩头，态度严肃而虔诚，来到大昭寺就会感到佛教在藏族人民中间影响是多么深远。

（一）大昭寺换经幡

换经幡的日子是不能随便选的，必须由西藏自治区天文历算研究所推算出藏历新年前的良辰吉日。日子定好前，寺庙的僧人要准备五十条长约二十米的五彩经幡，以及五颜六色的哈达，还需要寺庙里的僧人齐声念经并举行开光仪式。

根据民俗学家解释，五种颜色象征自然界的五种现象，这种现象是生命赖以存在的物质基础。当自然界天平地安、风调雨顺的时候，人间便是太平祥和、幸福康乐；当自然界出现灾害的时候，人间灾害重重、不得安宁。世世代代生活在高原上的人们对大自然的变化更为敏感。企盼人间太平幸福，首先应该希望大自然无灾无祸，于是用经幡上五种不同颜色的幡条来表示这种心理依托。这些经幡五彩缤纷，其颜色都有固定的含义。

用五彩经幡表现五行之理，加上藏文经文和"风马"图符，寄托了在高原严酷环境中生活的藏族群众，对生活和生命的无限向往和祝福，是寻求"天人合一"的创造。五彩经幡与汉藏传统中的"五行文化"密切相关，五色分别象征蓝天、白云、火焰、绿水和大地，同时代表木、金、水、火、土等构成世界的最基本的五种物质。

具体来说，蓝幡是天空的象征，白幡是白云的象征，红幡是火焰的象征，黄幡是土地的象征。这样一来，也固定了经幡从上到下的排列顺序，如同蓝天在上、黄土在下的大自然千古不变一样，各色经幡的排列顺序也不能改变。另外，最常见的无字幡下有镶边的主幡。主幡颜色如同其他经幡一样有五色，镶边的颜色也有五色，但与主幡颜色绝不相同。按照传统习俗，换经幡这样的活动每年举办一次。拉萨大昭寺四周的五个大经杆更换经幡，迎接藏历年的到来。

据说经幡是由古印度女子身穿的纱丽演变过来的。在古印度，女子们都穿着薄薄的纱丽裙衫，丈夫远离家门时，妻子扯下身上的一块衣角挂在门口或树上为其送行。天长日久，布的颜色退了，年复一年，布丝被风吹走了。吹到哪里去了呢？据说吹到丈夫的身边了。随着佛教的兴旺，这纱丽变成了一块块薄薄的纱布，并染上了颜色，印上了经文和神像，成了今日的经幡。

换幡，首先要将已经褪色的旧经幡和哈达用刀子割掉，然后挂上新的经幡、哈达、彩布。取下的旧经幡将由寺庙的僧人收集起来，集中挂在山上或拉萨河边，不能随便丢弃。经幡的形制根据所挂地点场合，可分立柱式和悬挂式两种。大昭寺广场上的经幡柱柱顶装饰有馏金宝瓶、五彩华盖、牛尾，从上往下挂满一层层经旗。

届时，拉萨大昭寺僧人在大昭寺广场摆设象征五谷丰登的切玛，庆贺大经杆更换经幡。众多信教群众把写有祝福、祈愿的经幡系在经杆上，表达新年新希望。按照传统习俗，这样的活动每年举办一次。结束的时候，拉萨信教群众还会在大昭寺香炉前敬青稞酒，并且向天空抛洒糌粑，最后拉萨信教群众在大昭寺前敬香以庆贺经幡更换结束。

走过山口，走进寺院，走在河边，漫步于林间溪畔，都会看到一片片飘动的五彩经幡，藏民不仅会驻足欣赏，而且还可能在这人与神的"连线"前许下虔诚的心愿，或者送给亲人、朋友最真诚的祝福。

（二）朝拜释迦牟尼

在大昭寺的佛殿，里边有文成公主带来的释迦牟尼 12 岁等身像。藏族人认为它珍贵，不仅因为它的历史价值和文物价值，最重要的是藏区人民心目中认为这

尊佛像和二千五百年前的佛祖一模一样。因为此尊佛像是释迦牟尼在世的时候，按照释迦牟尼本人的形象塑造的。塑完以后，释迦牟尼的弟子请佛祖给自己的佛像开光。据说这样的佛像全世界只有三尊，分别是释迦牟尼的 8 岁、12 岁和 25 岁等身像。开始时佛像都在印度，佛祖去世后，佛法开始向东南亚地区传

播。8 岁等身像由尺尊公主带到西藏，存于小昭寺，现在已经不完整。原来存于印度的释迦牟尼等身像在宗教战争中掉进了印度洋。而 12 岁的释迦牟尼的等身像在南北朝时，从印度经过海上的艰难运输运到了长安，后来佛像作为唐朝文成公主的嫁妆，来到藏区。从长安到青海，再到藏区一共用了三年时间。由于大昭寺供奉这尊珍贵的释迦牟尼像，因此来这朝拜的人特别多。

藏历正月初一，到大昭寺朝拜佛祖释迦牟尼是拉萨人几百年间形成的习惯。十二月三十夜里，大昭寺举行一个送旧迎新的法会。几个僧人登上楼顶吹奏金唢呐，唢呐吹得时间很长，悠扬的声音随着风一直飘到很远的地方。清晨，就有信徒排着长长的队伍在门外守候，他们冒着严寒，拿着酥油灯盏，依次到佛祖释迦牟尼像面前添油、顶礼，祈祷能够五谷丰登，人兴财旺，吉祥康乐。朝佛从晚上十二点持续到第二天下午五六点。

藏历五月是萨嘎达瓦节，是佛祖释迦牟尼出生、得道、圆寂的日子。多年来大昭寺形成了传统：上午僧徒和俗家信徒朝佛，还有许多人带来唐卡、佛像，请喇嘛念经开光。届时，僧俗信徒还要戒杀生，戒肉食，到大昭寺、小昭寺添灯供奉佛祖，然后从大昭寺开始围绕拉萨城转经，藏语称为转"林郭"（转全城）。

（三）"十五的酥油花"——大昭寺传昭大法会

和拉萨其他寺院一样，大昭寺每年从藏历正月初八开始举行传昭大法会，一直持续到藏历正月十五。传昭大法会是西藏地区最大的宗教节日。拉萨哲蚌寺、色拉寺、甘丹寺三大寺的僧人都会集中在拉萨大昭寺。

据说传昭大法会是格鲁派的创始人宗喀巴大师于 1409 年在拉萨举行的祈祷大会传承下来的。格鲁派创始人宗喀巴学佛后，为纪念佛祖释迦牟尼，于明永

乐七年（1409年）正月在拉萨大昭寺举行了万人祈愿大法会。法会期间，宗喀巴梦见荆棘变成明灯，杂草化为鲜花，宗喀巴认为这是仙界在梦中的显示。为使大家也能看到仙界，宗喀巴组织人用酥油塑成各种花卉树木、奇珍异宝，再现梦境，连同酥油供灯奉献在佛前，这种活动沿袭至今。并且届时还会举行格西学位考试，此后，传昭大法会的规模不亚于刚创立之时，内容也不断丰富。西藏其他地方的佛教信徒们从四面八方前来朝佛。慢慢地，祈愿大会演变成一个盛大的固定的宗教节日，一直到今天还十分盛行。

在一个寂静无比的小院，喃喃的念经声透过一个低矮的走廊飘入耳中，在大昭寺的诵经大殿，一百多名僧人盘膝而坐，低头吟诵佛家经典。法会主要是为了祈求新的一年风调雨顺，祝愿人们好运、长寿。大殿里，络绎不绝的信徒前来朝拜、听经和布施。大昭寺因为供奉着释迦牟尼的12岁等身像，因此在藏传佛教信徒的心中与布达拉宫一样神圣。信徒们有的就住在附近，有的来自拉萨周边，有的来自更远的昌都、那曲等地，不远千里跋涉而来。许多人在供奉着释迦牟尼12岁等身像的佛堂前排队等待礼佛，脸上露出满足的微笑。

中间的休息时间，几个喇嘛进出倒茶，信徒们则向每位僧人布施。大昭寺外，八廓街上朝佛者们左手捻动佛珠，右手转动经轮，在这条转经路上一步一步地丈量，延续着他们千年不变的虔诚。

藏历元月十五日，也是传昭大法会的最后一天，是藏族人民规模宏大、绚丽缤纷的酥油花灯节。这是藏族盛大的宗教节日。藏历正月十五日，在藏区各大寺院举行的油塑展览，藏族称之为甘丹昂曲。每年各寺庙的喇嘛及民间艺人，用五彩酥油捏塑成各式各样的酥油花，挂在大昭寺两边事先搭好的花架上，用酥油制作花卉、神仙和人物，还有惟妙惟肖的飞禽走兽等。夜幕降临，酥油灯点燃之后，宛若群星闪烁，一片辉煌。

提到酥油花，它的历史也是十分悠久的。酥油花是藏族人民近六百年前创造的一门独特艺术。艺僧们用和有颜料的酥油，沾着冰凉的清水，在宝塔形状的木版上塑造佛教人物、吉祥八宝以及其他具有美好象征的图

案。关于酥油花这里有一个美丽的故事。传说一千三百年前，唐朝的文成公主嫁给藏王松赞干布时，从京城长安带来释迦牟尼12岁等身佛像，到了拉萨，亲自在八角街主持修建了富丽堂皇的大昭寺，供奉这尊佛像。藏族人民尊敬热爱文成公主，也崇信佛教，不知谁用藏族的最美食物酥油塑了一束鲜花，悄悄送到佛像前。从此，塑酥油花相沿传了下来，成了藏族人民的习俗。后来这种艺术还传到塔尔寺，题材和技艺都得到进一步发展，成为塔尔寺独具的油塑艺术。

　　酥油花的传说寄托着藏族人民对佛的美好感情，根据佛教传统，用以供佛的物品有特殊规定。供花表示布施，涂香表示持戒，献净水表示忍辱，薰香表示精进，奉饭食表示禅定，供灯表示智慧。因时值冬日，六供物之一的鲜花无从觅得，只好用酥油塑成一束花，供奉佛前。

　　酥油花是藏族人民特有的艺术之花。酥油塑成的艺术品在其他气候温暖的地区是无法存在的。在大昭寺，塑酥油花是一种十分艰苦的艺术创造，一方面要有高超的技艺，一方面又要有吃苦精神。塑花要事先扎好各种图像的架子，在寒冷的冬春季节，艺人的双手要不断地沾着冷水捏塑，手热了，酥油容易融化，图像就塑造不成功。

　　根据藏历，阴历十五举行的酥油花灯会，大昭寺的僧人都要摆上精致的"十五的酥油花"。法会上会有一个喇嘛裸露着双臂，站在一个凳子上，熟练地把一盏纯金酥油灯里的酥油倒进桶里，再用酥油倒满那盏金灯。酥油花是需要大昭寺里六个僧人七天时间才能完成的，法会结束以后还要在大殿里供奉七天。就像内地正月十五热闹的元宵节，因此又有"十五的酥油花"之称。

（四）金瓶掣签

　　在西藏地区的寺庙中，大昭寺的声名首屈一指，不仅因为它有悠久的历史、宏伟的殿堂，更因为它在宗教、政治生活中占据着特殊的地位。神秘地确认活佛"转世灵童"的金奔巴瓶就一直保存在大昭寺的佛殿里，这个小小的金瓶在藏族人民眼中蕴藏着"无穷的法力"。

活佛转世是藏传佛教特有的传承方式，公元13世纪，噶玛噶举派的黑帽系首领圆寂后，该派推举一幼童为转世继承人，从而创立了活佛转世的办法，此后各教派先后效法。公元14、15世纪之交，藏传佛教格鲁派创立，并逐渐形成了达赖喇嘛和班禅额尔德尼两大活佛系统。经过清王朝中央政府的册封和认定，达赖喇嘛和班禅额尔德尼在藏传佛教中的地位才得以确立。

在西藏宗教中寻访、认定转世灵童的形式方法多种多样，归结起来主要有非掣签方式和金瓶掣签方式。

非掣签方式有多种方法：可以按遗嘱、预言寻找。即根据活佛生前的授记、寓示的遗嘱或预言线索寻访认定；或者依征兆寻访，即按活佛去世时的法体姿态和火葬时浓烟的去向以及大喇嘛的梦兆等寻访认定，也可以依据护法神降神谕示。由护法神（吹忠）降神，指示活佛转生的方向、地点等，按此谕示寻访确认转世灵童。还有一种方式是观湖显现幻景寻访。根据西藏拉莫纳措圣湖中出现的幻景意测判断灵童出生的地方和物相而认定。

除了上面所说的方法外，还有一些更神奇的方法，比如说首先可以秘密寻访。选派德高望重的名僧、堪布及活佛生前的管家、近侍弟子化装成各种不同身份的人，分赴各地暗中查访、考察后认定灵童。过程是这样的：在卜算方位发现与活佛圆寂大致同时出生的男孩后，先观察其长相与动作，并进行智力测试，看其有无"灵异"现象。将活佛生前用过的物品与其他杂物混摆在小孩面前任其抓拿，让幼儿辨认活佛生前的遗物并且辨认共同相处的人，据说真正的转世灵童可以在众多物件中能一眼抓取活佛生前之物或在众多的人中辨认与活佛相处过的人，藏语系佛教称"宿通"。

选定灵童后，选灵童的人便嘱咐其家人要认真照看小孩，不让外人接触。同时回去向摄政等汇报。摄政择吉日邀请三大寺活佛和僧俗官员一起，再请乃均、曲均降神，如无误，则报告驻藏大臣，征求中央王朝的意见，并准备迎接。由侍候活佛的三大堪布和官员、军队组成庞大的迎接队伍，前往接请灵童，连其家人一同接到拉

萨。如果只选到一名灵童，就直接请驻藏大臣报请中央，请予免去"掣签"而直接册封。

但是有时会有许多灵童的特殊情况发生，如果有多名灵童，那就要召集摄政和大活佛、高僧及官员到大昭寺，由驻藏大臣亲自主持"金瓶掣签"活动，

大昭寺的金奔巴瓶是清朝乾隆皇帝钦赐。这个金瓶披着五彩织锦瓶衣，外壁雕满精美的花纹，瓶中空，为一圆形签筒，内置五柄如意状象牙牙签。将写有各灵童姓名的签放入瓶内摇后当众掣出，定夺活佛转世灵童。定为转世者，其家人被封为贵族，落选者也有较好的安排。

格鲁派创始人宗喀巴的最小弟子根敦朱巴圆寂后，为防止内部分裂，于是袭用噶玛噶举派的转世办法，由根敦朱巴的亲属及部分高僧指定后藏达纳地方出生的一名男孩为根敦朱巴的转世，这就是二世达赖根敦嘉措，由此形成达赖喇嘛活佛转世系统。达赖喇嘛的尊号始用于三世达赖索南嘉措时期。1578 年，明王朝顺义王俺答汗赐予索南嘉措"圣识一切瓦齐尔达赖喇嘛"的尊号。此后，格鲁派依此称号追认根敦朱巴、根敦嘉措分别为第一世、第二世达赖喇嘛。1653 年，清王朝顺治帝册封五世达赖为"西天大善自在佛所领天下释教普通瓦赤拉达赖喇嘛"，以中央政府的册封形式确定了达赖喇嘛的封号和地位。此后，历世达赖喇嘛都必须经中央政府册封，成为一项历史定制。

班禅，即班禅额尔德尼。藏传佛教格鲁派（黄教）两大活佛之一。班，梵语，意为精通五明的学者；禅，藏语，意为大，额尔德尼，满语，意为珍宝。清顺治二年（1645），和硕特蒙古固始汗尊格鲁派领袖罗桑·却吉坚赞为班禅（即班禅四世，前三世为后人追认）。康熙五十二年（1713），中央政府册封班禅五世罗桑意希为班禅额尔德尼，正式确定班禅额尔德尼地位。此后历世班禅额尔德尼转世，必经中央政府册封，成为定制，驻日喀则。现世班禅额尔德尼为第十一世。

班禅额尔德尼·确吉杰布，即第十一世班禅额尔德尼。现任第十一届全国政协委员（2010.02 增补）、中国佛教协会副会长。

班禅额尔德尼·确吉杰布原名坚赞诺布，1990 年 2 月 13 日出生于西藏自治

中国藏传佛教建筑

区嘉黎县一普通藏族家庭。父亲索南扎巴和母亲桑吉卓玛均读过小学，后来在一次文化补习班上相识、相爱并结婚，生下了一个肤色白皙、五官秀美、双目明亮，右脸上生有一痣，颇具瑞相的男孩。桑吉卓玛的父亲给外孙取名为坚赞诺布，意为"神圣的胜利幢"。

经过反复验证、卜算等一系列程序，坚赞诺布被选定为数名候选男童之一，并经数轮筛选后成为参加在大昭寺佛祖释迦牟尼像前金瓶掣签的三名灵童之一，最终被佛祖"法断"坚赞诺布为第十世班禅转世真身，取得法名为：吉尊·洛桑强巴伦珠确吉杰布·白桑布。

按照藏传佛教仪轨和历史定制，班禅转世灵童在被认定并经中央政府批准之后，要举行坐床典礼，也就是继位典礼：经中央政府批准的转世灵童，依照宗教仪轨，升登前世法座，继承前世法统的位置。

1995年12月8日第十一世班禅的坐床典礼在班禅大师驻锡地日喀则市扎什伦布寺举行，并授第十一世班禅额尔德尼金册。

宗喀巴的另一著名弟子克珠杰·格勒巴桑，即一世班禅，年长根敦朱巴六岁，且早拜师八年，对创立格鲁派有杰出贡献，因此连同宗喀巴及宗喀巴的另一著名弟子甲曹杰被藏族宗教界合称为"师徒三尊"。1645年，固始汗（清王朝驻西藏的地方首领）赠予罗桑曲结"班禅博克多"的尊号。这是班禅名号的正式开端。其前三世班禅是追认的。四世班禅圆寂后，后藏托布加溪卡的一位幼童被认定是他的转世灵童。这样，格鲁派又建立起一个班禅活佛转世系统。1713年，清康熙帝正式册封五世班禅为"班禅额尔德尼"，并赐金册金印。从此，历代班禅额尔德尼须由中央政府册封。从此，班禅额尔德尼活佛转世系统取得了与达赖喇嘛转世系统平等的宗教地位。

活佛转世系统形成后，经过以上一系列历史演变，最终才形成了以"金瓶掣签"认定活佛转世灵童的制度。在历史上，大活佛转世灵童的认定存在着诸多弊端，转世活佛往往是由"吹忠"（即护法喇嘛）作法降神祷问指定，于是贿赂、假托神言、任意妄指盛行，转世灵童多出自王公贵族之家，一些上层贵

族或大喇嘛乘机操纵了宗教大权。最严重的是噶举派红帽系十世活佛趁机提出非分之想，要分扎什伦布寺的财产未遂。失败后，联合廓尔喀入侵后藏，危及国家、百姓安全。为了避免大活佛转世灵童认定中的这些弊端，1792年乾隆皇帝决定达赖、班禅转世实行"金瓶掣签"制度。对册封的呼图克图的转世，履行"金瓶"（奔巴）掣签。中央直接审批和册封，将活佛转世的认定权掌握在中央手中。为此降旨专门制作了两个金瓶，一个放置在北京雍和宫，一个放在拉萨大昭寺。甘、青、川、藏地区呼图克图的转世灵童，在大昭寺掣签认定。驻京和蒙古地区的呼图克图的转世灵童，则在北京雍和宫掣签认定。

同时，乾隆帝还正式颁布《钦定藏内善后章程二十九条》，该章程明确规定："大皇帝为求黄教得到兴隆，特赐金瓶，今后遇到寻认灵童时，邀集四大护法，将灵童的名字及出生年月，用满、汉、藏三种文字写于签牌上，放进瓶内，选派真正有学问的活佛，祈祷七日，然后由各呼图克图和驻藏大臣在大昭寺释迦牟尼像前正式拈定，认定达赖、班禅灵童时，亦须将他们的名字用满、汉、藏三种文字写在签牌上，同样进行。"至此，"金瓶掣签"制度以国家法律的形式确立下来。

"金瓶制签"仪式非常隆重，预先要得到皇帝的批准。转世灵童受封后，由驻藏大臣亲自主持坐床典礼。坐床典礼后，转世灵童即正式就任达赖或班禅位。即使有的转世灵童不需要金瓶掣签，也必须先呈报中央政府，经中央派人审察批准后方为有效。

"金瓶掣签"制度一经颁布即得到了达赖喇嘛、班禅额尔德尼及各呼图克图、僧众的衷心拥护。金瓶制成送往拉萨后，八世达赖喇嘛上书表达了对清中央政府的感激之情。"金瓶掣签"制度形成后，掣签大权一直掌握在中央政府手中。在具体实施过程中，其形式或细节后来有所变通，但活佛转世、尤其是达赖、班禅等大活佛转世必须经中央政府批准。综上所述，班禅转世的宗教仪轨自清王朝颁行"金瓶掣签"法规之后，随着历史的发展演变而日臻完善，成为历史定制。

五、大昭寺与藏传佛教艺术

藏族的艺术，是中国文化艺术史上独放异彩的一株鲜花，是藏族人民高度智慧的结晶。其内容丰富，形式多样，具体表现在建筑、雕塑、壁画、唐卡和酥油花等方面，有鲜明的民族特点和艺术风格，是我们研究藏族政治、经济、文化、历史、宗教、民俗等方面的珍贵资料。这里选取大昭寺一些有代表性的作品，分别简略介绍如下：

（一）壮丽奇特的建筑艺术

建筑是历史的活化石。它不仅表现了一个民族的生活空间，更重要的是表现了一种生活方式，一种生产力发展的程度和独特的审美情趣。藏族传统建筑伴随着藏民族社会发展的历史走过了几千年。在这漫长的历史进程中，藏族传统建筑以它独特的风格，在整个藏族文明中扮演了重要的角色，使得我们今天谈论藏族文明的时候，不能不谈藏族传统建筑。

西藏的许多寺庙建筑建在半山腰上，这与古堡式建筑有相同之处，但从本质上来讲，还是有很大的区别。佛教提倡出世的思想，寺庙选址离居民建筑较远。大都建造在半山腰上是避开尘世的需要，而不是为了防御敌人，或者是为了显示权利的高大非凡，这是区别古堡式建筑的特点之一；此外，西藏寺庙尽管远离闹市，在幽静的山沟中寻求僻静处，但建筑本身装饰豪华，富丽堂皇,这与红尘中的宗府建筑形成鲜明对比，这也是区别古堡式建筑的特点。

大昭寺的建筑是以天竺那兰陀寺和毗讫罗摩尸罗寺为模式所建。据传地基是由文成公主选定，汉族工匠设计，尼泊尔尺尊公主监造。该寺建筑分上下两个部分，下部为石墙，下大上小，最上层为平台，平台上为木

构宫殿。大昭寺中心大殿建筑屋内的装饰主要表现在柱子、柱头、托木、檐椽、门框、门楣等木构件上，这些地方雕刻花叶、云气、飞天、动物、人物以及几何图案，把整个殿堂变成木雕艺术世界。这些作品雕刻精细、造型别致，令人叹为观止。一楼正殿内有二十根大柱，柱上的斗拱浮雕有裸体和着衣人物及天鹅、象等鸟兽。屋脊上装有与印度、尼泊尔寺庙相似的铜塔、例莲、莲盘等，还镶有仿埃及寺庙装饰的泥质半圆形狮身人面兽形。

可以看出大昭寺这一建筑是吸收了内地、印度、尼泊尔等建筑的长处，融合了吐蕃古老的建筑特点，形成了一座庙堂兼宫殿的综合性建筑，反映了当时历史条件下吐蕃建筑艺术的水平。

（二）栩栩如生的雕塑艺术

雕塑、壁画、雕梁彩绘是大昭寺建筑艺术的一大特色，为大昭寺披上了绚丽的浓艳盛装。

雕塑是藏族人民喜闻乐见的一种艺术形式，因而在藏族工艺中被广泛应用，大至寺院庙堂的梁柱斗拱、金银铜泥佛像上，小至珍贵的馈赠礼品及日常生活用具上。藏族雕塑布局匀称，技法精巧，具有很高的美学价值。如大昭寺一楼正殿的近二十根木柱、斗拱上雕刻的人物、禽兽、花草以及屋檐下的狮身人面半圆雕，刀法简练，都可以称得上是第一流作品。

雕刻更多地用在佛像造型上，表现了佛的神圣性和佛教徒的虔诚心。雕塑的泥质佛像遍布于寺院各大经堂，给人一种目不暇接的感觉。银、铜质雕像水平也很高。如扎什伦布寺的镏金大铜佛——未来佛弥勒菩萨，历时四年铸成。用紫铜二十三万余斤，纯金五百五十八斤，佛像为坐式，身高22.4米，妙相庄严，比例协调，是世界第一大铜佛，是藏族人民铸造艺术中的珍品。

藏族的雕刻艺术不仅表现在寺院的建筑、佛像的塑造、印刷诸方面，在日常生活中也多有应用，如妇女的首饰、牛角银包的小烟锅、家用木器家具都雕

中国藏传佛教建筑

刻着飞禽走兽、吉祥如意等图案，这些出自民间工匠的手艺，小巧玲珑、形象逼真，寄托着人们向往美好生活的理想和感情。

在雕刻艺术中很值得注意的是，莲花几乎处处都有，并使人们百看不厌，其奥秘所在，据说是释迦牟尼出生时伴有莲花，座位名之为"莲花座"。这说明莲花是佛陀的象征，表现了佛陀自身清净、超凡脱俗的境界。这可能是莲花被广泛应用于雕刻绘画中的主要原因。

作为藏区重要的寺庙，大昭寺里保留着众多雕刻精美的塑像，最能给人留下深刻印象的是莲花生大师像和吉祥天母像。

大昭寺大殿左右各有两尊巨大的佛像。左侧为红教创始人密宗大师莲花生，右侧是未来佛。莲花生大师本来是印度僧人，在公元8世纪进藏，在他进入西藏的同时传入了佛教密宗，即在他之后，藏区才开始出现密宗。藏传佛教尊称他为洛本仁波且（轨范师宝）、古如仁波天（师尊宝）、乌金仁波且（乌仗那宝），通称白麦迥乃（莲花生）。

据多罗那他于1610年所著《莲花生传》记载，莲花生大师约于摩揭陀国天护王时出生于乌苌国。也有人说是乌苌国英迪拉菩提（印度金刚乘始祖）之子。开始名为莲花光明，后来由于莲花生大师通晓声明和各种明处，因此得名莲花金刚。其后又拜依一真言阿阇黎寂色为师，跟随他学事、行、瑜伽三部密法，在此期间得密号为莲花生。他后来又跟从瑜伽师乐天和瑜伽母乐持大师，在他们的教导下学习无上部法。

莲花生大师曾经周游印度，广访密法大师，成为佛吉祥智的四个证得现法涅槃的弟子之一（另外三人为燃灯贤、极寂友、王种罗睺罗）。他又从吉禅师子学法。据智慧海王所著《莲花生传》载，莲花生跟随吉祥师子学大圆满法，学完之后曾到中国的五台山学习天文历数。莲花生的上师佛吉祥智也曾经立下志向，朝拜五台山；莲花生大师的同学无垢友也到过汉地。基于上诉原因，莲花生一派传授的教法便有很浓厚的汉地禅宗色彩。

吐蕃赤德祖赞即位后，由寂护举荐莲花生大师进藏传授佛法。于是，莲花生大师于750年由印

度起行至尼泊尔，752年到达拉萨，当年秋季开始建造桑耶寺，754年桑耶寺完工。761到774年，他组织翻译了许多佛教经典。大约在804年，莲花生离开西藏，继续到印度的达罗毗荼传法，建寺，长达十二年之久。

由于他对藏传佛教所作的巨大贡献，受到各宗派的共同敬仰。他在吐蕃时还培养造就了许多藏传佛教的人才，传说其中得到密宗悉地的，有赞普和臣民二十五人，如虚空藏、佛智、遍照、玉扎宁波、智童、柱德积等人均为当时有名的译师。著述收入甘珠尔及丹珠尔的有八种。宁玛派的密部经典大多是由他主持翻译的。后世掘藏派在山岩石窟中发现了许多经典，这些经典也多数题为莲花生的著作。

由于他对藏传佛教及文化上的特殊贡献，人们便在大昭寺为他立像，让人们世世代代纪念他的千秋功业。

除了莲花生大师像外，大昭寺另外一个久负盛名的就是吉祥天母像了。吉祥天母又称吉祥天女，藏语称"班达拉姆"，是藏密中一个重要女性护法神。她的来历很复杂，原是古印度神话中的人物，梵语称"拉吉代米"，传说是天神和天神的仇敌阿修罗搅动乳海时诞生的。后来婆罗门教和印度教把她塑造成一个有血有肉的女神，为她取名"功德天"（又称吉祥天），说她是毗湿奴的妃子，爱神之母，财神毗沙门之妹，主司命运和财富。最后，她被金刚手菩萨降伏，成了佛教的重要护法神。

在藏密中，吉祥天母颇受崇奉，影响深远。据说，公元7世纪时，藏王松赞干布在拉萨建大昭寺时，请她作大昭寺的护法。大昭寺的神殿里至今供奉着她的神像。后来她又升格为拉萨城的保护神。由于她护法有功，拉萨地区还形成了专门纪念她的节日——白拉日珠节（意为吉祥天母游幻节日）。这个节日于每年藏历十月十五日举行。届时，喇嘛们从大昭寺抬出吉祥天母像，巡游市中，当来到南城时，总要将神像转身与拉萨河南岸的赤尊赞庙遥遥相视一会。这里还有一段趣闻，据说赤尊赞原是她的丈夫，开始也住在大昭寺，后来被她赶出，住在拉萨河南岸，做了地方保护神。但是他们每年相会一次，以表思念和好之

中国藏传佛教建筑

意。从中我们不难体会到佛教"化干戈为玉帛"的宗教和平思想。

吉祥天母的形象从其名称上看，理应是一位端庄艳丽的女神，可是实际上恰恰相反，她不仅丑陋，而且凶恶吓人。据说有五种常见形象，形貌大体相同。最常见的一种形象是：身体蓝色，头顶橘红色头发竖立，并且上面还饰有五个骷髅。头顶有半月和孔雀毛。头发上面的半月，表明她的法是无上的。面部三目睁得圆而鼓，大嘴如盆，露出两颗虎牙。两个耳朵以动物作耳环，右边耳朵上有小狮子为饰，据说象征听佛道；左耳上挂着小蛇，代表着愤怒。脖子上挂着两串人骨念珠，一串是干骨的，一串是湿骨的。上身着人皮，据说是她亲生儿子的皮，下身披虎皮。脐上有太阳，象征智慧。腰上挂着账簿，专门记载人们所做坏事的档案，恶人将来要受剥皮处置。她侧身坐在一头骡子身上，两腿张开，赤着脚。吉祥天母坐骑骡子的臀部上有一只眼睛，是她形象的重要标志。她右手拿着短棒，两端有金刚，据说是与阿修罗作战的兵器；左手拿着盛血的人头骨碗，象征幸福。右手的拇指和其余四手指彼此按着，是愤怒的印记。她座下是一张女人皮，女人的头还倒挂在骡子左侧，头发垂地，象征异教徒已被她降伏。她骑着骡子飞行于天上、地上、地下三界，所以又有"三界总主"之称。她骑的黄骡子，在马鞍前端下方有两个红白骰子，红的主杀，白的主教化。鞍子后有一个荷包袋，里面盛着疫病毒菌，也就是说她是主生死、病瘟、善恶的神。

吉祥天母形象的来历还有一段神奇的传说。传说，很久以前，吉祥天母貌美如花，但是这位女神很不本分，有一百个情人，生活淫乱，经常往外跑，与情人幽会。她的父亲为了让她改邪归正，将她抓住，用铁链将她手脚都锁上，关在狗窝里悔过。母亲心疼她，半夜时分将她放走，情急之中，在马圈里牵出

大昭寺

63

了一头驴作为她的坐骑。父亲听到了驴的声音，骑马追了上来。马自然要比驴子速度快许多，所以很快就追上了她。父亲弯弓搭箭，射向了她。由于是夜晚看不清，父亲的箭只射到了驴的屁股上，那伤口立刻幻化成了一只天眼。父亲再也追不上她了，她骑着那只神驴逃之夭夭。于是，她的父亲天天祈求上苍，赐予她的女儿世上最丑陋的容颜。天长日久，吉祥天母真的从一个貌美如花的女人变成了蓬头怒目的丑陋女人。

后来，她无路可走，只好流浪到东海，与一个叫罗刹的魔鬼结为夫妇，并生下一对女儿，她的女儿都以吃人为生。观音听到此事很生气，于是警告吉祥天母，再不改邪归正，将会降大难于她，并赐予她宝剑一把，限期一百天，杀掉罗刹。由于罗刹是魔鬼，在睡觉的时候，睁一只眼闭一只眼，所以吉祥天母用了九十九天都没能找到机会杀掉他。只剩下最后一天期限了，吉祥天母着急了，将天上的月亮摘了下来，吞到了肚子里，在一片漆黑中，将罗刹杀死。

后来，吉祥天母决定要离开这块地方。她听到后面有脚步声，回头一看，原来是两个女儿跟在身后。她想，以后她们长大了，也会为祸人间，不如斩草除根，于是一剑下去，两个女儿成了有身无头的人。即使是有身无头，这两个女儿依然执著地跟着母亲前行。母爱让吉祥天母停下了脚步，她舍不得自己的孩子。于是她又砍下了海狮和鳄鱼的头，安在了女儿身上。吉祥天母终于修成了神，观音派她在每年大年三十的那一天出门制止恶行。她的兜里揣着魔鬼，看到有谁做了恶事，就放出魔鬼吃掉他。最后，吉祥天母成了西藏的保护神，每当需要测定转世灵童的时候，就会有大活佛到山南的拉姆拉措湖边诵经祈祷。

（三）绘影绘声的壁画艺术

藏族壁画是绘制在寺院庙堂和僧舍墙壁上的一种绘画，是绘画艺术的另一种形式。壁画多为大幅巨作，一般高三四米不等，其长度像画廊，约有数十米。壁画染料采用石质矿物，有数十个品种。绘画时在颜料中调入动物胶和牛胆汁，以便于凝固，起到保持光泽，增强牢固的作用。壁画的取材内容和唐卡一样，极其丰富生动。总的说来，取材于佛经和藏传佛教诸密宗经典的故事传说占多数，其次是历史事件和人物传记，再就是反映藏族风土人情和一些民间传说。

大昭寺是西藏宗教与历史的博物馆。在寺内庭院的墙壁上，保留着各个时期的壁画四千多平方米，这些不仅是艺术价值很高的作品，而且是珍贵的史料。总之，藏族壁画以注重写实又富于浪漫为主要特征，色彩比较强烈，构图强调充实，由此形成了独特风格，具有极大的感染力。

大昭寺现存壁画的题材绘制主要为八世达赖时期壁画形制的基本延续，八世达赖指示赤勒巴诺门罕在水兔年（1783 年）对大昭寺进行了修缮。按照指示，将大昭寺中心的八廓街外墙、大围廊、殿门抱厦、内外佛殿、讲经场、坛城中心、二楼顶层等壁画，按照原画作了新的绘制，大围廊的壁画本应按照五世达赖喇嘛的主张绘上《本生传如意藤》一画，但当时却绘上了千佛像图。水兔年（1783 年）八廓街内墙扩展时，还没有绘制大量的壁画，但卓玛拉康（度母殿）的一面墙却绘有《佛王福田施主臣僚主仆》的壁画，从那年（水兔年）以后，就在围廊上绘制了《菩萨传记如意树藤》，后门绘制了极乐净土，并画上守门神马头明王、莲花金刚和护贝龙王母等护法神像。外门的左右墙面上绘制了四大天王，南门内的左右墙上绘制了壁画松赞干布及其臣僚。他的南面是佛祖雪域海图和圣境吉祥聚米洲（哲蚌寺），此外还绘有藏地三大金刚座圣地布达拉宫，三大寺等汉藏的众多圣境刹土。

大昭寺壁画，以建寺初期寺壁上所绘的难以数计的苯教、佛教题材和传奇中所表现出的各种事迹以示庄严而著称于世，这些题材包括佛、菩萨、声闻像、佛本生经变相、高僧大德、教派祖师、赞普王统等。同时，此时期已出现了源自苯教的神灵崇拜并已趋于佛教密宗绘画题材的绘画形式。

大昭寺主殿一楼的四壁绘有"释迦牟尼八相图""文成公主进藏图""欢庆图"以及大量显密二宗佛像及观音像等壁画。二楼的"曲结竹普"殿，意为"法王石窟"，殿内壁画以大型"蔓荼罗"图为主，周围布以众佛及"护国药叉""金刚萨垂""绿

度母""叶衣母"等密宗图像，图案纹饰和造型参差错落，各具姿态。大昭寺主殿二楼回廊也绘有一批精美的壁画，呈现佛教绘画初来藏地的古朴本貌。壁画题材均是佛教内容，如"文殊""观音""龙女""火救度母"等。

大昭寺转经廊壁画按照从桑登门出来右转的顺序，分内、外两侧。内侧有按《经藏大部》内容绘制的大海刹土；出自《般若十万颂》前言内容的刹土；未来强巴佛的十宏化；朝东拐弯凸部绘有神变节日之主供佛祖。由随从舍利子、目莲子、神人、罗汉所围绕。再右转至南墙壁也有壁画，依次绘有佛祖降外道六尊及随从的历史；从色杰国王迎请传教和佛陀及随从传教至苏坚宁波国国王迎请的各种神变宏化的内容。外侧壁画的内容以"释迦百行转"故事为主。

大昭寺壁画众多，这里给大家介绍其中的三幅。丹玛天女像，度母像，吐蕃武士像。

度母，梵音作"多罗"，藏语称"卓玛"，也称"救度母""救度佛母"。藏传佛教密宗依救度八难而定的一类本尊佛母。传说她是观世音菩萨化身，是救苦救难本尊。依身色、标志、姿态不同，分为二十一度母。据《大日经》记载，这二十一度母都是从观音的眼睛中变化来的，有白金色、蓝色、绿色、红色、白色等。因为度母冰清玉洁，端庄严肃，语言悦耳动听，而且见多识广，洞悉一切，深受信徒喜爱。最受人尊敬和最常见的是白度母和绿度母。也有人说在一个名叫多光的世界，度母曾经是一位国王的公主，名叫慧月。她立下誓言，用女人之身修成正果。在如来上师的面前，她发誓拯救众生脱离灾难，故有"救八大难"之称。她象征诸佛之法力与尊严，尤其象征用女人之身成佛；肤色象征成就与智慧；法器象征将众生救难于轮回。总之，她是一切摩羯及灌顶之神。如修念二十一度母此尊，无论做何事，迅速成就。特别指出的是，自从她向世尊与观音发愿菩提心的时候起，法缘深厚，所以福力广大，善瑞非凡。

除了度母这一女神像，大昭寺更有名的壁画就是丹玛天女像了。此幅丹玛（大梵天）壁画绘于大昭寺二楼密宗护法神殿，壁画采用藏语称"那孜"的特殊表现技法，即藏传佛教绘画艺术中以墨色为胜的一种独特表现形式。以黑色为底，用纯金为色勾勒后再画龙点睛地点缀少量色彩，或象征性地晕染出人物景物的主要结构和明暗。这类黑底壁画大多采用中心构图法，即以一尊神佛像作为中心主尊像，以较大的造型体量、醒目的色彩、夸张的造型语言和精细的描绘突出表现。画面神秘深邃、神圣典雅。此幅丹玛神灵造型身色如同一万束月光发出的白光，生有一面三目二臂。右手持着一把如同天高的水晶长剑，左手持着装满珍宝的平盘、如同太阳光般的神奇光绳套和缚有旗帜的长矛。发髻上戴有白海螺。身体装饰着天界珍宝，穿金盔甲，盔甲上有孔雀翎毛尖顶，并有摩羯形饰品，骑一匹肤如金色的宝马，快如云彩，马身上缀满了用天界宝石制成的所有马饰。梵天勇敢智慧，身形非常漂亮，呈慈祥平和面相，并能用她的第三只眼洞察三界，护卫众生。

丹玛天女（大梵天），又称梵王天、梵天、梵王、梵童子、世主天，娑婆世界主。音译为摩诃梵、梵摩三钵；意思是清净、离欲。大梵天以自主独存，被人称作众生之父，自然而有，无人能造之，后世一切众生皆其化生；并谓已尽知诸典义理，统领大千世界，以最富贵尊豪自居。尔后婆罗门以大梵天为最尊崇之主神，也是印度万神殿中最重要的神灵之一。但在藏传佛教中经常见到的梵天被表现为一位白色的名叫白梵天的护法神灵。虽然在神巫的仪式中伴随了一些源于印度的宗教观念，但其还是表现了属于誓愿系的古代西藏土著神灵许多个性特征。

吐蕃时期，大昭寺还绘有一个吐蕃武士像。这位吐蕃武士神态庄严，威猛勇敢，浑身散发着一种浩然正气。他头戴插有鸟羽的头盔，全身披甲，左手紧握长剑，右手持挂有军旗的长矛，在吐蕃军旗中的兽形图案象征着所向披靡的威猛、智慧之光的指引和护卫。他高大伟岸，神情凝重，嘴唇紧闭，富有特征的胡须显示出久经沙场的干练和从容；圆睁的双目凝视前方，似有剑拔弩张、千军待发、战无不胜、气吞山河之势。武士头后的圆形头光，则又喻示着作为藏传佛教信仰的慈悲、

智慧、和谐哲理对藏地文化的深刻影响。这幅壁画也是吐蕃历史的一个缩影。

古代的吐蕃王朝是一个军事政权，军队兵强马壮，装备精良，人马多披锁子甲，有的周身仅露两个眼窝，骁勇善战。武将的头盔形如宝塔，有花纹、鱼鳞等装饰，战士头盔上常装饰三只彩旗或鸟羽，以表示出生年月。吐蕃赞普举行仪式和打仗出征时的将士们都穿着红色服装。藏族人认为红色是权力的象征，

是英勇善战、斗志旺盛的刺激色，并以红色为尊。赞普及左右官员皆以面涂红为威严。这与藏族原始苯教的杀牲血祭习俗相关。赞普时期，藏族男子的服装是长袍之上套着皮类、锦缎相饰的无袖上衣，也穿着皮类等做成的半月形布装以及下裙或短装、缎面下装、头上缠着丝巾。参加征战时，身着甲胄手执兵器。盾牌、带剑套、平箭、弓弦、柄、石囊、石簧、箭袋等是当时所使用的武器。吐蕃时期，自将帅至士兵都有一整套服饰规定，可以说是制度严谨。

（四）别开生面的唐卡艺术

大昭寺除保存了大量珍贵的壁画外，寺中还珍藏了很多精美的唐卡。拉萨大昭寺现珍藏有两幅明代刺绣唐卡，上面有"大明永乐年施"六字题款。一幅画面为"第恰"（胜乐金刚），另一幅为"杰吉"（大威德）。这是格鲁派供奉的"桑第杰松"——密宗三佛像中的两幅。全套应为三幅，有一幅不知下落。这两幅五百多年前的刺绣唐卡色泽鲜艳，保存得非常完整，是难得的艺术珍品。据载："永乐十七年（1419年）十月癸未，遣中官杨英等赍敕往赐乌思藏"。这个使团据说由一百二十人组成，带来了很多珍贵礼物。后来把他们的名字刻在石碑上，立在大昭寺的坛场中心，今已不存。这两幅唐卡可能是由杨英带来，后赐给大昭寺的。

唐卡是藏族文化中一种著名的艺术表现形式。唐卡（藏语音译）本意有二：一是平坦的意思，一是指政府的诏令，后逐渐演变为专指一种特殊的卷轴书。

中国藏传佛教建筑

大型的唐卡叫"国固",每年的雪顿节期间,西藏的三大寺都要举行展佛活动。一种是印刷着色唐卡,先将画好的图像刻成雕板,用墨印于薄绢或细布上,然后着色装裱而成。

唐卡起源于何时,有待进一步地考查。其历史大体可以追溯到吐蕃以前。到了公元7世纪初,赞普松赞干布统一全藏,揭开了西藏历史新的一页。松赞干布先后与尼泊尔尺尊公主、唐文成公主联姻,加强了政治、经济和文化的联系。两位公主进藏,分别由尼泊尔和中原带去大量的佛教经典、营造工艺、历法星算、医药书籍以及大批工匠等,对西藏文化的发展起了积极的推动作用。在吐蕃王朝时期,相继修筑了雍布拉康宫、布达拉宫、帕崩卡宫、强巴明久林宫、秦浦宫、扎玛宫、庞塘宫等华丽的宫殿,建筑规模空前。为装饰这些宏伟壮丽的宫室,需要更多的人来从事绘画活动,这无疑促进了西藏绘画艺术的发展。据五世达赖所著《大昭寺目录》一书记载:"法王(松赞干布)用自己的鼻血绘画了一幅白拉姆女神像。"这幅相传为松赞干布亲自绘制的唐卡虽已不复传世,但从西藏绘画艺术发展的过程来看,唐卡是在松赞干布时期兴起的一种新颖绘画艺术则是可以肯定的。真正开始并大规模采用唐卡这一形式,大约在明朝。

随着这一时期佛教传入西藏,与佛教有关的文化如寺院建筑、绘画、佛经等也相应发展,唐卡便是其中的一部分。它的特点是装饰性强,收藏方便,很适应吐蕃时期佛教传布的需要。经过长时期的发展,具有鲜明的民族特点、浓郁的宗教色彩和独特的艺术风格的唐卡,在西藏佛教艺术中确立了自己的位置。

唐卡(卷轴画)代表藏族艺术的最高成就,是我们足以自豪的宝贵文化遗产。唐卡是用纸、布或丝织品当做底,用彩缎镶边装裱而成的彩色卷轴画。唐卡有大有小,最大的长达数十米,最小的一尺见方。唐卡颜料大多是采用彩色矿物染料,历经几十年、数百年之久,仍可保持艳丽的色泽。

唐卡的题材和内容比较广泛生动,其中尤以佛教内容为主题的佛像唐卡及表现历史人物事件的唐卡随处可见。另外还有科技文化等方

大昭寺

面的唐卡，如人体解剖学、动植物药料、天文地理等，反映了藏族人民的医学科技、天文地理等方面的研究成果。唐卡表现的题材，以佛像画和高僧传记画最为普遍，也有一些反映民间生活习俗的，还有少数是描绘西藏天文历法和藏医藏药的。

　　唐卡的品种和质地丰富多彩。以制作技艺论，有画、绣、缂丝、粘贴、镶嵌，以质地论，有纸、布、丝绸等等，其中用麻布或丝绸为底布，以绘画形式制作的占绝大多数。唐卡以色彩绚丽著称，所用颜料多为传统的有色矿石，画成装裱后，再用彩缎拼接边框作装饰，最后，还需延请喇嘛念经加持，一幅完整的唐卡才算制成。

　　随着明、清宫廷对藏传佛教的接受和推崇，清代宫廷佛殿中收藏的唐卡数量也越来越多。清宫唐卡的主要来源，一是由达赖、班禅等人进贡，二是宫廷画佛喇嘛、宫廷画师制作。宫内收藏的唐卡，内容基本上都是表现西藏宗教历史或人物的，如"达赖像""班禅像""释迦牟尼佛"等等，少有反映西藏民间风俗和医学、天文、历算等题材的，这说明清朝各代皇帝特别是乾隆对藏传佛教的推崇与信仰。引人注目的是，这些唐卡中居然还有几幅是清朝皇帝身着佛装的画像，皇帝成为唐卡的题材，正是藏传佛教在清宫中重要地位的反映。

　　清宫收藏的唐卡，都是经过精细加工而成的，其工艺、质地和装潢较西藏民间唐卡精美，如缂丝唐卡、刺绣唐卡等，但就个别而论，也有些西藏民间的唐卡，如用珠宝镶嵌成的则是宫中唐卡所不及的。在品种上，宫中唐卡主要是绘画和织绣两类。另外，清宫唐卡和西藏民间唐卡还有一个显著的区别，即前者的背面一般都粘有一块用藏、蒙、满、汉四种文字书写的本唐卡的名称及简单介绍的黄绢。这为我们研究清宫藏传佛教历史和艺术提供了宝贵的资料。

塔尔寺

　　塔尔寺始建于明嘉靖三十九年，是为纪念我国佛教史上著名宗教改革家宗喀巴而建的。最先建成的是一座大银塔，后来扩建为寺，并命名为塔尔寺。塔尔寺是我国藏传佛教格鲁派六大寺院之一。在藏传佛教的历史上有着举足轻重的地位。塔尔寺的建筑风格是藏汉相结合的，是和一般藏传佛教寺院不大相同的地方。这座古老的寺庙在历史的长河中也留下了数不尽的传说。

一、先塔后寺的恢弘寺院

塔尔寺始建于明嘉靖三十九年，是为纪念我国佛教史上著名宗教改革家宗喀巴而建的。最先建成是一座大银塔，后来扩建为寺，并命名为塔尔寺。塔尔寺是我国藏传佛教格鲁派六大寺院之一。在藏传佛教的历史上有着举足轻重的地位。塔尔寺的建筑风格是藏汉相结合的，是和一般藏传佛教寺院不大相同的地方。这座古老的寺庙在历史的长河中也留下了数不尽的传说。

（一）宗喀巴大师建塔传说

古时候，宗喀莲花山是森林茂密、水草丰美的天然牧场。牛羊肥壮，骡马成群。以牧为生的牧民们顺着春夏秋冬不同的季节，依水草而居，以季节而迁。宗喀巴的父亲鲁崩格是格萨尔王手下的一员大将，后来到苏尔吉村与香萨阿切相识并成亲，鲁崩格就成了从外村来的招女婿。宗喀巴的母亲生了六个孩子，宗喀巴排行老四。宗喀巴长大出家后，在苏尔吉村就剩下他的母亲和姐姐了，据传现在苏尔吉村的先人们就是宗喀巴姐姐的后代。所以，苏尔吉就成了宗喀巴母亲和姐姐的娘家人。

藏历土羊年（1379 年），宗喀巴大师的母亲以菩提树为核心，建成了莲聚塔；尔后，藏历金猴年（1560 年），高僧仁钦宗哲坚赞又在莲聚塔的左侧建成了弥勒佛殿。殿即寺，因为先有塔，而后有寺，故名塔尔寺。

塔尔寺是藏传佛教格鲁派的创始人宗喀巴大师（1357—1419 年）的降生地，罗桑扎巴是受沙弥戒时的名称。宗喀巴大师生于宗喀的一个佛教家庭，父亲名叫达尔喀且鲁崩格，母亲名叫香萨阿切，两个人都是虔诚的佛教徒。因藏语称湟中（今塔尔寺所在地一带）为"宗喀"，故

也被尊称为宗喀巴。

宗喀巴大师早年学经于夏琼寺。宗喀巴3岁时，正好噶玛噶举派黑帽系第四世活佛若白多杰受元顺帝召请进京途中路过青海，宗喀巴的父亲就带他到夏宗寺和若白多杰相见，若白多杰给宗喀巴授了近事戒。宗喀巴7岁时，被家人送到夏琼寺，宗喀巴向端智仁钦学习了九年佛法，在佛学和文化知识方面打下了比较坚实的基础。16岁去西藏深造，离开夏琼寺前往卫藏学法，宗喀巴到卫藏后，先后从采巴·贡塘学习医方明，从仁钦南加译师和萨桑玛德班

钦学习声明学，从南喀桑布译师学习诗词学等。之后来到后藏的萨迦寺，从著名学者仁达哇·循努洛哲学习《中观论》《因明论》《般若经》等。又从觉莫隆学习《律经》，从依洛扎·南喀坚赞学习噶当派教程，从布敦·仁钦朱的弟子松巴德钦却吉贝学习"密宗时轮"。他对佛教的重要理论和各教派的教法都反复钻研，因天性聪颖，一学即悟，融会贯通，进益颇捷。

1386年，29岁的宗喀巴在雅隆地区的南杰拉康寺，从楚臣仁钦受比丘戒。大约从土龙年（1388年）开始，他改戴黄色桃形僧帽，表示他继承喀且班钦·释迦室利（印度大师）所传说的戒律，并严格遵行的决心。改革西藏佛教，创立格鲁派（黄教），成为一代宗师。"格鲁"意为"善规"。宗喀巴成名后，有许多有关他灵迹的传说。相传，菩提树是一种圣树，在我国特别是在西部根本不能成活。然而神灵却偏能让它在鲁沙尔镇的莲花山坳中繁茂地生长，据说藏传佛教中文殊菩萨的化身宗喀巴大师诞生时，在他诞生后剪脐带滴血的地方长出一株白旃檀树。树根向四方延伸，好像人之四肢向四方展开；夏秋两季叶小花白、清香扑鼻；树叶脉纹自然显现狮子吼佛像的图案。树上的十万片叶子都是这样的形状和图案！"衮本"（十万身像）的名称即源于此。有的佛典中说，佛教在世多久，该树就在世多久。

宗喀巴去西藏六年后，其母香萨阿切盼儿心切，每天背水时就在一块青色的磐石上翘首盼望，在心里默默为儿子祈祷祝福。后来寺僧将这块石头当做一种降福的圣物，供奉在祁寿殿花寺的菩提树下。后来，她让人捎去一束白发和一封信，信中说："母亲年事已高，且身体欠佳，非常思念你，希望能够回

家见母亲一面。"并且说:"在你出生的地方长出一棵菩提树,长势喜人。"就是要宗喀巴回家一晤。宗喀巴接到母亲的信后,自己当然思念亲人和遥远的故乡,但是为了学佛而决意不返,给母亲和姐姐各捎去他本人的自画像和狮子吼佛像一幅,信中说:"若能在我出生的地点用十万狮子吼佛像和菩提树(指宗喀巴出生处的那株白旃檀树)修建一座佛塔,就如与我见上一面一样,并且对那里的佛教兴盛大有好处。"第二年,明洪武十二年(1379 年),宗喀巴母亲香萨阿切按儿子来信所示,与当地的头人和信徒共同商议建塔的事情。在信徒们的帮助下,以这株旃檀树和宗喀巴所寄狮子吼佛像为胎藏,砌石建塔,这是塔尔寺最早的建筑,取名"莲聚塔"。莲聚塔是依据释迦牟尼诞生后向四面各行走七步,每步开一朵莲花的传说而建。后来,该塔一再重新修建,并屡次更名,成为现在大金瓦殿中的大银塔,是全寺的主供神物,汉语塔尔寺就是由此塔而得名的。后来建起了一座殿,覆盖住塔身,以保护这个珍贵的佛塔建筑。

宗喀巴经过长期的苦学精修后,创建出一整套正确的学佛体系,教导弟子遵从。诸如要注重修行次第,先显后密,显密并重,僧人要"敬重戒律""提倡苦行",僧人要断绝与世俗的联系和结合,不娶妻、禁饮酒、戒杀生等等。"令一切随从弟子,日日体察自身有犯无犯,倘有误犯,当疾还净。"

他在信徒们的支持下建塔,此后 180 年中,此塔虽多次改建维修,但一直未形成寺院。明嘉靖三十九年(1560 年),禅师仁钦宗哲坚赞于塔侧倡建静房一座修禅。17 年后的万历五年(1577 年),复于塔之南侧建造弥勒殿。至此,塔尔寺已初具规模。万历十年(1582 年)第三世达赖喇嘛索南嘉措第二次来青海,翌年春,由当地申中昂索从措卡请至塔尔寺。三世达赖向仁钦宗哲坚赞及

当地申中、西纳、祁家、龙本、米纳等藏族部落昂索指示扩建塔尔寺,赐赠供奉佛像,并进行各种建寺仪式。从此,塔尔寺发展很快,先后建成达赖行宫、三世达赖灵塔殿、九间殿、依怙殿、释迦殿等。经四世达赖指示,万历四十年(1612 年)正月,正式建立显宗学院,讲经开法,标志着塔尔

寺成为格鲁派的正规寺院。

塔尔寺作为一个中外闻名的佛教古寺院，整体建筑是以藏式建筑为主，最终形成了塔尔寺的独特风格。寺院依照地理环境而建，没有特定的空间布局和中轴线，顺延着纵向延伸。为了体现佛教的"三界"而采用高低布局。

（二）禅师建静房修禅

随着格鲁派势力的发展、僧侣的增加，这座修建刚十七年的禅堂已不适应佛事活动的需要。明嘉靖三十九年（1560年），佛学高僧贡巴·仁钦宗哲坚赞在山南沟内建一禅堂，供僧人诵经修行。十七年后，仁钦宗哲坚赞按照梦中对弥勒佛的许多悬记，于明万历五年（1577年），在今弥勒佛殿处修建了一座明制汉式宫殿。殿内正中用药泥塑造了一尊弥勒佛12岁身量的镀金坐像，佛像高达5米，造型优美，又金光灿灿，犹如铜制镏金佛像一般。内脏装有如来舍利子、增殖舍利（又称舍利母）、阿底峡大师灵骨灰、班钦·释迦室利等大师的萨像和额骨，印度、尼泊尔等地塑造的释迦牟尼小铜像及藏语称"查查"的泥塑小佛像等稀有加持物。故将该殿称弥勒佛殿，藏语称"贤康"。塔尔寺初具规模，取藏"衮本贤巴林"，意为"十万佛身像弥勒洲寺"。万历五年（1577年），大禅师仁钦宗哲坚赞等在原莲聚塔前修建小禅寺一座，这时"只有七僧"，之后发展为"十人、五十人、百人、几千人"。为塔尔寺第一座佛、法、僧俱全的佛殿。因先建聚莲宝塔，后建弥勒佛殿，即先有塔、后有寺，安多农业区汉语中将二者合而为一称为"塔尔寺"。

塔尔寺由此正式形成一个寺院。

400多年来，塔尔寺逐步发展成一座具有鲜明民族特色和地方风格的古建筑群，全寺占地600余亩，僧舍房屋9300多间，殿堂52座，僧人最多时达3600余人。

（三）显宗学院的建立和塔尔寺的主要系统

1. 塔尔寺的四大学院

塔尔寺不仅是藏传佛教的圣地，而且是造就大批藏族知识分子的高级学府之一，到藏传佛教最后一个格鲁派时期，吸收了各教派的不同办学特点，同时发展了自身的寺院教育思想，形成了比较完善的寺院教育体系和制度。寺内设有显宗、密宗、天文、医学四大学院。在这些学府，学僧注重按宗喀巴大师所创先显宗、后密法，先生起次第、后圆满次第的程序，修习、讲闻经、律、论三藏佛典，修持戒、定、慧三学，学习各科文化，培养了不少名僧。塔尔寺后来设立的巴尔康即印经院，是传统文化的出版、印刷机构，至今木刻长短印版598 种、45792 块，使得藏文化得以广泛流传。

显宗学院即参尼扎仓，受四世达赖·云丹嘉措之命，于 1612 年二世郭瓦却杰·俄赛嘉措任首代总法台后始建"吉祥讲修院"，共七个班级，是为僧人习修因明、中观哲学、般若、俱舍、戒律五部大论的学院。现分 12 个班级，完成学业共需 18 年，成绩优异者可报考获取"朗色""然江巴"及"噶居巴"等学位。显宗学院的学僧集体诵经，听讲经、晨会都在打井堂内进行。医明学院即曼巴扎仓。时轮学院即迪科扎仓，全称"时轮具种慧明院"，1817 年建成，是学习、研究时轮历算的学府，有彩粉坛城及仪轨活动，寺僧除讲授术科、闭关修习外，还学习历法、天文等到表科外修，有成就者授"孜然巴"（术算）博士学位。密宗学院即居巴扎仓（华丹桑欧德钦林），于 1646 年由西纳·勒巴嘉措创建成，是修习三本尊无上瑜珈法的学府，重关闭修行、彩粉坛城等，达到一定的程度者可获得"俄然巴"（密宗）博士学位，这就是塔尔寺的四大扎仓，也就

是僧学院，分别为参尼扎仓（显宗学院）、居巴扎仓（密宗学院）、曼巴扎仓（医明学院）、丁科尔扎仓（时轮学院）。

明万历四十年（1612 年），在三、四世达赖喇嘛的倡导下，塔尔寺首建显宗学院，建立讲经开法制度，系统学习因明、

般若、中观、俱舍、戒律等显宗经典，是专门学习显宗经典"五部大论"和研习因明辩经的场所。凡对五部大论学有成就者，通过答辩考试可获"噶久巴"或"多仁巴格西"学位。

此后又相继建成密宗、时轮、医明学院，形成正规的学经制度，学习生圆次第方面的密宗经典和天文、历算、医学等方面的知识。学院现存有数以万计的有关佛学、藏族历史、文学、语言方面的文献图书，是研究藏学的珍贵资料。其中密宗学院是寺僧修持密宗教义教规的最高学府，内建有教务和行政两套班子。西纳·勒巴嘉措出任密宗学院第一任堪布后，招收合格的密乘修学僧32名，习密宗学。在这里修习的有两种学僧，一种是自幼入密宗学院的童僧（完德）。他们跟显宗学院的学僧一样，最开始是要选学一些短篇经文进行背诵，同时念诵一些有关密宗的短篇经文。之后逐渐转移到修习密宗本尊胜乐、密集、大威德、时轮金刚等，护法的密法、修供仪轨、建立坛城的有关知识及许多经咒念诵、降神作法的本领。他们修持到一定程度时可以到俗家念经禳灾，降神测算。这类学僧并不参加密宗学位的考试，主要培养目标是护法神殿的护法神师和经咒念诵师，为民间的佛教活动做事。另一种是由显宗学院升入密宗学院的学僧，他们在显宗经论的基础上进一步系统学习研究密宗教义，修习密宗仪轨，并进行修行证悟。在诵、修学识方面，进行闭关修行法，修成就护摩法，习绘坛城，用彩粉堆平面坛城，并修其法，唱赞技巧，结手印法，跳神舞蹈姿态法，演奏法乐谐调法等各种技艺的修习。

2. 密宗学院的修炼

密教源于印度，兴盛于西藏，是密宗修学僧学习密宗经典，讽诵佛经，修持本尊胜乐金刚、密集金刚、大威德金刚三体本尊无上瑜伽法的专门学府。密教分藏密、唐密和东密三种。藏密即西藏密宗，是在唐吐蕃时期由莲花生大师等人从印度传入西藏后，与西藏本土原始苯教修持法相结合而形成的独特的藏传佛教修持法。由于修持法——瑜伽，主要提倡密法，故称为藏密或"西密"，藏语称"桑欧"意为"秘密真言"。唐代传入我国汉地的密法称"唐密"，传入日本、朝鲜的称东密。密宗是佛教中通过身密（手结契印）、口密（口诵真言）、

塔尔寺

意密（心作观想）这三密同时相应便会达到不可思议佛境的密法，这种佛境就是"即身成佛"。密宗的经典较多，藏传佛教各教派在修习密宗方面有共同之处，但各具特色。

3. 塔尔寺的行政、宗教系统

塔尔寺有完整的行政、宗教组织系统。行政组织的最高权力机构是全体僧人经堂会议，由总法台主持，下设噶尔克会议和大吉哇。噶尔克会议是全体僧人经堂会议的常委会，由法台、大襄佐、大僧官、大老爷和六族干巴组成。大吉哇是噶尔克会议和全体僧人经堂会议的执行机关，由3名吉索第巴（总管全寺内务的大老爷、负责对外联系的二老爷、负责财务的三老爷）和管理杂务的四老爷及藏汉文秘书各1人组成。大吉哇下设管理全寺粮食的"哲康"、负责印刷经典的"巴日康"，并负责管理驻西宁办事机构金塔寺。宗教组织的总负责人仍为总法台，下设总引经师和大僧官各1人，管辖四大学院，各学院设有本院堪布，堪布下设格贵（僧官）和经头。现由寺管会总理全寺寺务。目前共有寺僧800余人（其中活佛11人）。

二、高原上的信仰——藏传佛教圣地

（一）格鲁派（黄教）与塔尔寺

　　塔尔寺是我国藏传佛教格鲁派六大寺院之一，是藏传佛教格鲁派（黄教）寺院，全称衮本绛巴林，意为十万金身慈氏州，是格鲁派创始人宗喀巴的诞生地。塔尔寺是西北地区佛教活动的中心，寺院规模宏大，最盛时有殿堂八百多间，占地达一千亩，不但是格鲁派六大寺院之一，而且在全国及东南亚一带也享有盛名。

　　宗喀巴大师学成后一面著书立说，一面收徒传法。在讲经的过程中能够讲述多种经论，并且未出现丝毫的混乱和遗漏，听众无不敬佩，认为这是一位奇人，宗喀巴大师从此声名大振。萨迦派（俗称花教）衰落之时，由于佛教僧人直接掌握地方政权，养尊处优，生活奢华，使得许多僧徒醉心于追求权力，因而戒律松弛，僧俗不分。这样一来，藏传佛教在民众心目总的地位大大降低了。针对佛教出现这一状况，他立志改革，主张先显后密，显密兼修，极力提倡沙门戒律；主张出家人不饮酒、不杀生；主张禁欲，僧侣不娶妻、不敛财，极力提倡十大善事，顺应了僧俗两界的民心，由

于他的这些主张切中当时西藏佛教界的积弊，因而得到藏族社会各界人士的广泛支持和衷心拥护，信徒日益增多，由此人们赞誉他为"嘉瓦尼巴"，即"第二佛陀"，将他创立的这一佛学流派称为"格鲁巴"，意为"善道派"。宗喀巴从1388年起改戴黄色桃形僧帽，于是他的信徒也仿其鼻祖头戴黄帽，后人将他创立的格鲁派又俗称为"黄帽派"，所谓黄教一词也由此而来。

　　塔尔寺便利的交通条件使得格鲁派兴起后，利用这一通道与中央王朝紧密联系，从明朝初期到明朝末年，藏传佛教格鲁派由创立到发展壮大。到16世纪

后期，黄教势力已延伸到青藏高原以北的蒙古地区。清王朝对宗喀巴及其创立的格鲁派（黄教）上层加赐封和。此外，蒙古各部王公和僧人入藏熬茶、礼佛、学经等也在塔尔寺停留。内蒙地区著名活佛大都在塔尔寺有活佛府邸并被列为该寺的一员。

所以格鲁派创立以来，其影响逐渐增长。宗喀巴在一首隐语诗里宣布他是直接继承葛当派的祖师阿底峡。随着经济实力的增长，格鲁派为了解决自身长远发展的问题就采取了活佛转世制度。后来，格鲁派迅速发展，最后超越了藏传佛教的其他教派，广泛传播于藏族和蒙族地区，并且得到了清政府的支持。

（二）宗教信仰的神圣气息

1. 塔尔寺的室内装饰

塔尔寺内收藏有大量镏金铜佛像、铜佛像、金银灯、金书藏经、木刻板藏经、法器、灵首塔、御赐匾额、壁画、堆绣等文物。其中壁画、堆绣、酥油花被誉为塔尔寺三绝。壁画多以矿物颜料画在布幔上，内容主要为经变、时轮、佛等。堆绣是用各色绸缎、羊皮、棉花等在布幔上堆绣成佛、菩萨、天王、罗汉、尊者、花卉、鸟兽等图案。

塔尔寺里的每尊佛像都遍体装金，金光灿灿，而且都披有色彩绚丽的织物。汉传佛教中佛是出家比丘的形象，身上几乎没有装饰品，菩萨则璎珞华美。在藏传佛教中的佛除了庄严妙好的比丘形象外，还有菩萨装束的佛像，为藏传佛教的寺庙之中增添了华贵的气息。殿堂里处处靠点燃的酥油灯照明，空气中弥漫着浓重的酥油气味。站在这样静谧的屋宇内，即便不是藏传佛教的信徒，也能够感受到宗教信仰带给人的平静和庄严。殿宇室内目光所及之处，无论是墙壁上、柱子上，都缀满各色刺绣飘带、幢、幡等。它们的颜色可以看得出来有时间流过的痕迹，在这个古老的寺庙里不知道见证了多少故事和传说。

2. 塔尔寺的宗教习俗

由三皈五戒到三坛大戒，由简单念诵到各种仪轨，都是有严格规范的程序、仪制的。作为佛教重要流派的藏传佛教，在礼仪上，除与佛教其他支派具有相同的地方外，它在礼仪供养各规则

方面，还有其特殊之处。寺院以寺主为尊，作为一寺之主的活佛，在衣、食、起居、迎送等方面，都有其严谨、规范的礼仪。

塔尔寺的每一处殿堂的配殿或者廊外，都安置了大量的铜质或者木质转经筒，里面放着六字真言。又称"玛尼"经筒（梵文 Mani，中文意为如意宝珠)，六字真言是藏传佛教名词，汉字音译为唵（an)、嘛（ma)、呢（ni)、叭（ba)、咪（mei)、吽（hong)，是藏传佛教中最尊崇的一句咒语。藏传佛教认为，持诵六字真言越多，表示对佛菩萨越虔诚，可脱离轮回之苦。因此人们除口诵外，还制作"玛尼"经筒，把"六字大明咒"经卷装于经筒内，用手摇转。藏族人民把经文放在转经筒里，每转动一次就等于念诵经文一遍，反复转动表示念诵成百上千遍的"六字大明咒"。

很多殿堂之外，有虔诚的信徒在施叩拜大礼，当地人称"磕长头"。这是在藏传佛教盛行的地区，信徒与教徒们一种虔诚的拜佛仪式。原地磕长头，就是于殿堂之内或外围，教徒们与信徒们身前铺一毯，原地不断磕长头，只是不行步，其它与行进中的磕长头一样，因不同心理意愿或还愿，或祈求保佑，赐福免灾，犹入无人之境。教徒们认为在修行中，一个人至少要磕一万次。叩头时赤脚，这样才表示虔诚。

由于塔尔寺是宗喀巴大师的降生地，因此成为信徒们向往的圣地。历史上，第三、四、五、七、十三、十四世达赖喇嘛和六、九、十世班禅大师均在这里驻锡过。同时，它也受到历代中央王朝的高度重视。根据史料记载，从清康熙以来，朝廷向塔尔寺多次赐赠，有匾额、法器、佛像、经卷、佛塔等。该寺的阿嘉、赛赤、拉科、色多、香萨、西纳、却西等活佛，清时被封为呼图克图或诺们汗。其中，阿嘉、赛赤、拉科为驻京呼图克图，有的还当过北京雍和宫和山西五台山的掌印喇嘛。正是因为这些特殊原因，塔尔寺迅速发展，规模越来

越大，成为藏传佛教格鲁派蜚声国内外的六大寺院之一。由于历史积累，该寺文物极为丰富，富丽堂皇的建筑、琳琅满目的法器、千姿百态的佛像和浩瀚的文献藏书，使寺院成为一座艺术的宝库。特别是该寺的绘画、堆绣、酥油花，被称为"艺术三绝"，驰名中外。该寺设有显宗、密宗、时轮、医明四大学院和欠巴扎仓，研习佛学和藏族语言、文字、天文、历算、医药、舞蹈、雕塑、绘画、建筑等各方面的知识，并于清道光七年（1827年），创建该寺印经院，所印藏文经典及各种著述，畅销藏区各地。

3.塔尔寺的宗教活动

塔尔寺于每年农历正月、四月、六月、九月共举行四次全寺性的大型法会，称之为"四大观经"。二月、十月举行两个小法会。每年农历正月十五，都要举行一年一度的酥油花灯会。届时，各地群众云集，规模盛大。除此以外，在农历十月下旬还有纪念宗喀巴圆寂的"燃灯五供节"和年终的送瘟神活动。庙会既是僧侣学经的好机会，又是他们娱乐的极佳时间。

跳神（即跳法王舞）是一种配乐舞蹈形式的佛事活动。清康熙五十七年（1718年），塔尔寺第二十任法台嘉堪布时期，七世达赖授意："须建立一个跳神院，由舞蹈师教习舞蹈音乐，并建立跳神制度。"康熙五十七年（1718年），建立塔尔寺的跳神院，翌年春节，七世达赖喇嘛照例宴请塔尔寺法台、经师则敦夏茸、青海和硕特蒙古察汗丹津亲王、郡王额尔德尼额尔克等蒙藏僧俗首领，在塔尔寺举行规模宏大的正月祈愿法会，会上首次在跳神院表演法舞。从此，塔尔寺每年在四大观经时都举行跳法舞活动。同时赐予文武护法面具三十九副及舞衣和法器等。从此建立了四大法会时举行跳跳坎活动的跳神院（俗称社火

院）。其意义是佛教徒修习正法时，为消除内、外、密三方面的邪见、逆缘，消灭危害佛教和佛教徒的邪魔外道，便通过跳护法神舞来释解。跳神内容，武的方面有男武士舞、女武士舞、男怒神舞、女怒神舞；文的方面有和静舞、教内舞、密咒舞、专一性舞；忿怒方面有微怒神舞、甚怒神舞等，共有360种舞蹈。届时，来自青海、甘肃、四川、云南、内蒙等地的广大藏、蒙古、土、汉族男女信徒云集会场

向法王和马首金刚顶礼膜拜，前来朝佛的群众难以计数。

晒大佛，在每年农历四、六月两次法会时举行，意思是为纪念释迦牟尼诞生、成道、涅槃和弥勒出世及宗喀巴诞生、涅槃，通过晒佛让信徒们瞻仰佛像、沐浴佛恩，并防佛像被虫蛀或者腐烂。塔尔寺有"狮子吼""释迦牟尼""宗喀巴""金刚萨捶"四种巨大的堆绣佛像，每次只晒其中的一种，在寺院山坡上展晒。晒佛仪式非常隆重，观众极多，蔚为壮观。

（三）塔尔寺的僧侣、信徒、游人

塔尔寺每年于农历正月、四月、六月、九月举行四次观经大会，招来不少香客游人。观经大会是寺僧向诸佛菩萨献供、祈愿、诵经的法事活动。会上，除进行固定的宗教仪式，还有晒佛、跳欠、转金佛等活动。四月观经的农历四月十五日上午和六月观经的六月初六日上午，在寺院东侧的莲花山坡展开所藏巨型堆绣佛像一幅，称为"晒大佛"。佛像长三十余米，宽二十余米，众僧于像前演奏法乐，诵经祈祷，游客商贾蜂拥而来，更有信徒顶礼膜拜，争献布施。六月初八日上午举行的转金佛是僧人们所谓祈愿来世佛弥勒菩萨降临人间的法事活动，众僧簇拥一乘玲珑精巧、四角饰有飞檐、内供弥勒金像的彩轿，在手拿乐器、香炉、幢幡的仪仗队的前导下绕寺一周，其他僧人各持寺藏宝物一件，尾随彩轿，鱼贯而行，以示隆重威严。九月法会的二十二日，寺院开放所有佛殿及文物库房，供僧俗瞻仰，称为"晾宝"。每次观经会上，都进行所谓驱魔逐鬼、祓除不祥的跳欠活动。跳欠也叫"跳神"或"哑社火"，是一种独特的带有浓厚宗教色彩的画具舞蹈，常见的有于正月十四、四月十四、六月初七日演出的"法王舞"和四月十五、六月初八、九月二十三日演出"马首金刚舞"两种。演员身着各色舞衣，戴特制面具，舞姿独特，式样迥异。此外，尚有农历十月二十五日宗喀巴忌辰前后的"燃灯节"和年终辞旧迎新的祈祷会等。

塔
尔
寺

青海塔尔寺自建寺至今的近五百年的历史当中，虽然也曾经历过兵燹灾难，但总是灯火常明，香火茂盛。而且寺院规模不断扩大，佛事活动常年进行，前来膜拜者络绎不绝。据统计，仅1979年正月神变法会期间，到塔尔寺拜佛的四方来客就达18万人次之多。很多殿堂之外，有虔诚的信徒在施叩拜大礼，当地人称"磕长头"。不仅有来自青藏高原广大农牧区的藏族群众，而且有来自内蒙、新疆、甘肃、青海各地的蒙古族群众，以及一些自治县的土族和裕固族民众，甚至也有不少附近的汉民和来自全国各省、区及世界各国的信佛人士。其中还有不少虔诚的信徒是从远方叩着长头而来，他们不辞千辛万苦，不畏种种险阻，从千里迢迢之外，一步一叩头地来到塔尔寺。

如果是遇有丧葬人，这样的信徒要到塔尔寺请喇嘛诵经超度，在金瓦殿或大经堂点千盏灯，名为千供，向寺院僧众布施大量财物，如此才能够满足自身的愿望。

历史的积淀，深厚的宗教文化内涵，以及优越的地理位置，使得塔尔寺成为我国西部地区信佛群众的一个精神寄托所。这些虔诚的信徒们，不仅因为笃信塔尔寺是第二佛陀宗喀巴祖师的诞生圣地，以及具有林立的佛像佛塔和数不清的佛教艺术珍品而一心向往着前去膜拜，而且还将自己对轮回的信仰和对来世的美好愿望都寄托于高僧大德和诸多的佛像上。

1961年3月4日，国务院公布该寺为全国重点文物保护单位，制碑书汉藏两种文字，并存于寺内。20世纪90年代中期，经国家多次拨款修缮，使古寺焕发出新的光彩。现在的塔尔寺已成蜚声国内外的藏传佛教圣地和旅游的名胜古刹。众多游人慕名而来。

中国藏传佛教建筑

三、佛教园林建筑群

(一) 如来八塔

如来八塔是赞颂释迦牟尼一生八大功德的宝塔。呈一线形，这八个塔从东到西分别为：莲聚塔（纪念释迦牟尼降生时行走七步，步步开一朵莲花）；菩提塔（纪念释迦牟尼修行成正觉）；四谛塔（纪念释迦牟尼初转四谛法轮）；神变塔（纪念释迦牟尼降伏外道时的种种奇迹）；降凡塔（纪念释迦牟尼从天堂返回人间）；息诤塔（纪念释迦牟尼劝息诸比丘的争端）；胜利塔（纪念释迦牟尼战胜一切魔鬼）；涅槃塔（纪念释迦牟尼入涅槃，不生不灭）。其造型基本一样，塔身高 6.4 米，塔底周长 9.4 米，底座面积 5.7 平方米。塔身白灰抹面，底座青砖砌成，腰部装饰有经文，每个塔身南面还有一个佛龛，里面藏有梵文。

(二) 大金瓦寺

大金瓦殿为塔尔寺的核心殿宇，是本寺僧侣礼佛、颂经的集合场所。大金瓦寺、小金瓦寺和大经堂遥遥相对，大小金瓦寺全用镀金铜瓦铺成，金色宝顶在最上层光彩夺目。因大殿中有纪念宗喀巴大师的大银塔，故又被称为宗喀巴纪念塔殿。还有一种说法是当年禅师仁钦宗哲坚赞在塔前修建的那座小寺庙就

是大金瓦寺的前身。

塔尔寺始建于 1379 年，距今已有 600 多年的历史，占地面积 600 余亩，寺院建筑分布于莲花山的一沟两面坡上，殿宇高低错落，相互辉映，气势恢宏。位于寺中心的大金瓦殿是该寺的主建筑，大金瓦寺又称大金瓦殿，藏语称为"赛而顿"，就是"金瓦"的意思。始建于明嘉靖年间，面积 456 平方米。大金瓦寺两侧各有弥勒佛殿一座，右殿（上贤康）系明万历五年（1577 年）建，左殿（下贤康）系万历二十二年所建。原为三十根柱子的小经堂，后改建为八十根柱子的中型经堂，最终在 1776 年扩建成一百六十八根柱子（其中六十根在四壁墙内）的两层平顶藏式建筑。殿脊的正中安置着藏传佛教的吉祥八宝之一——宝瓶。大金瓦寺底层两壁，都是高达 5 米的藏经架，所有经卷都用锦缎包裹，定时拿出来晾晒。寺内熊熊燃烧的火焰，光芒普照，永不熄灭。四角的飞甍各有一个藏族传说中的水怪牛曲森。四角各挂着一只风铃，门窗和殿前挂着许多带有梵文的布幔，用来保护建筑物，防止风吹日晒雨淋的破坏，同时作为一种装饰物，在青藏高原的蓝天白云下随风浮动，别有一番风味。

大金瓦寺中层楼上是塔尔寺的重要宗教活动场所之一，如"千灯之供"这样的法事活动都是在这里举行的，这是为超度死者的亡灵而设的。

清康熙五十年，君王额尔德尼济农又捐助了黄金一千三百两，白银一万两千两，雇用了一些汉族工匠将大殿扩建，并将第一层歇山顶覆盖上镏金铜瓦。这样之后大殿有了一定的规模，并有了大金瓦寺的名称。

1912 年大经堂突然失火焚毁，在塞多·次称嘉措活佛的资助下，用了大约两年半时间，依原样重建，使得我们现在得以有幸目睹大经堂的辉煌面貌。

大金瓦殿的建筑模式是：下为藏式"须弥座"，上为重檐歇山镏金瓦顶，回廊周匝。底层前出附阶，是一个信徒礼拜场所。檐口饰镏金云头挂板，正脊安装镏金宝瓶及火焰宝珠等。殿内有一座高达 11 米的大银塔。外壁墙面遍贴绿琉璃砖，用黄琉璃花装饰。殿两侧各建弥勒殿一座。经堂内矗立的 108 根柱子上部雕有优美图案，柱上围裹蟠龙图案的彩色毛毯。大金瓦寺正中有一个 12.5 米高的大宝塔。地设长条禅座，上铺五彩条毯，供喇嘛集体颂经时用。彩绘栋梁、斗拱、藻井和佛教故事壁画，寺内悬挂着帷幔、经布、幢、幡、伞盖、刺绣和堆绣等。

1746年，一些地位很高的人在大金瓦寺堂内安装了铜制镏金云头、滴水莲瓣等装饰物。大金瓦寺四壁神龛中供有宗喀巴的千尊铜制镏金佛像，两侧经架上存放有数以百计的经卷。正面设有达赖，班禅和法台的弘法宝座。屋顶安放各式各样高大的镏金铜经幢、刹式宝瓶、道钟、宝塔、法轮、金鹿等，把大经堂装潢得金碧辉煌、光彩夺目，与大金瓦殿交相辉映。大经堂也是本寺的显宗经院，藏语称"参尼扎仓"，是研究显宗教义的学经部门。设有多仁巴（显教）博士学位，授予修习教义有深厚造诣的僧人。

大金瓦寺与小金瓦寺（护法神殿）、大经堂、弥勒殿、释迦殿、依诂殿、文殊菩萨殿、祈年殿（花寺）、大拉浪宫（吉祥宫）、四大经院（显宗经院、密宗经院、医明经院、十轮经院）和酥油花院、跳神舞院、活佛府邸、如来八塔、菩提塔、过门塔、时轮塔、僧舍等建筑形成了错落有致、布局严谨、风格独特、集汉藏技术于一体的佛教园林建筑群。殿内佛像造型生动优美，超然神圣。大金瓦寺里收藏着许多价值连城的珍贵文物，有很多明代以来的汉藏艺术珍宝。

（三）大经堂

大经堂始建于明万历四十年（1612年），1912年遭火焚后重修。建筑面积为2750平方米，周长为210米，土木结构，为藏式双层平顶建筑，汉式楼阁遥相呼应，是塔尔寺建筑中规模最大的。经堂内长柱18根，短柱90根，是拥有168根大柱的大型经堂，皆用特制地毯包裹，地上铺设地毡坐垫，可供3000僧人集体诵经，是寺院喇嘛集中诵经的地方，堂内设有佛团垫，可供千余喇嘛集体打座诵经。

塔
尔
寺

殿内大柱都由龙凤彩云的藏毯包裹，整个经堂五彩缤纷，富丽堂皇。在一千多平方米的屋面上，按照宗教法制和西藏传统艺术，装有铜制镏金的金鹿法轮，各式金幢、宝瓶、宝塔、宝伞和倒钟等，把一个单调的草泥平顶打扮得绚丽多彩。远眺平顶，金碧辉煌，给人以威严之感。

（四）九间殿

九间殿又称文殊菩萨殿，为汉式硬山顶建筑，面阔九间，进深三间，面积592平方米，属于联殿性质建筑。初建于明万历二十年（1592年），由塔尔寺五部族一些人集资兴建，内供释迦牟尼、迦叶佛、弥勒大佛三世佛像，并举行开光仪式。清雍正十二年（1734年）扩建，成为现在我们看到的样式。廊柱为藏式朱色八棱柱。整座大殿以三间为一单元，由北向南分别为狮子吼佛殿、文殊殿和宗喀巴殿。

北三间正中供奉的就是狮吼佛像，是大金瓦殿佛体树叶上的传奇图案。六米高的佛像穿着红黄相间的法衣。殿前的右侧则是一块巨石，有着一大一小两个足印，传说是宗喀巴和尊师留下的遗迹，旁边的坑迹为杖痕。于是，这块石头被信众抹上了层层的酥油，贴满了纸币硬币。如同对待佛祖一样顶礼膜拜，祈求幸福平安。

（五）花寺

花寺又称祈寿殿，建于清康熙五十六年（1717年），是一座独立的小庭院，为两层重檐歇山顶建筑。殿内供奉释迦牟尼、十六罗汉和四大金刚等塑像。柱头梁枋都饰以飞禽、走兽、花卉、文纹，院墙饰琉璃砖雕。到了盛夏的时节，花多绽放，芳香四溢，于是人们又将祈寿殿称之为"花寺"。

宗喀巴去西藏六年后，其母香萨阿切盼儿心切，每天背水时就在一块青色的磐石上翘首盼望，在心里默默为儿子祈祷祝福。后来寺僧将这块石头当做一种降福的圣物，供奉在祈寿殿花寺的菩提树下，现在被叫做"护法磐石"。信众在上面抹上了酥油，填满了纸币和硬币，来表达自己的虔诚信仰和尊崇。

（六）小金瓦寺

小金瓦寺藏语称"旃康"，是塔尔寺的护法。殿分上中下三层，底层和中层面阔七间，进深五间。底层为三面封闭的殿堂，中层为明窗式，在藏式双层平顶建筑上增建面阔三间的汉式歇山顶单檐建筑，嘉庆七年（1802年）改为镏金铜瓦顶。殿内有佛像、镏金宝塔、经卷、白马标本等，寺内陈设着马、羚羊、虎豹、野牛、猿猴等标本以及刀剑弓箭和经文多种。院内两侧和前方有绘满各式壁画的壁画廊，为两层藏式建筑。

在宏伟壮观的建筑群中，小金瓦寺显得小巧玲珑。它同样是一所藏汉结合风格的建筑物，其中有汉式琉璃小亭，"蜈蚣墙"的装饰以及"边玛墙"上的褐色和黑色，又体现出藏式建筑的主要特征。小金瓦寺从整体上给人的是一种新颖、独特、明快的感觉，与气势磅礴的大金瓦寺相比，小金瓦寺更精致典雅，犹如小家碧玉。

（七）大拉让

在塔尔寺建筑群中，最能体现出汉藏结合风格的要算大拉让吉祥新宫和众多的活佛府邸。大拉让吉祥新宫由上下五座院落及五华门、牌坊组成，为宗教仪式、行政办公、居住的综合性建筑。其布局因地制宜，在地形较复杂的情况下，合理组织了多重院落，其墙体建筑仍然沿袭了藏式风格，主殿"嘎玉玛"佛殿也是藏式的双层平顶建筑。而以五华门为代表的一组牌坊则融入了传统的宫殿式营造手法。

大拉让（又称扎西康沙），汉语称"吉祥宫"，建于1650年（清顺治七年）。是一座四柱三进院落藏式建筑的府邸。大拉让吉祥新宫建筑群体，空间构成非常丰富，尤其是屋顶形式和装饰多姿多彩。1777年（清乾隆四十二年），乾隆皇帝派人为此宫修建了宫墙、华门、牌坊等，并赐名"永慧宫"。吉祥宫位于西山半腰高

处，在宫前远眺，塔尔寺全景尽收眼底。

（八）弥勒佛殿

塔尔寺作为一个历史悠久的著名藏传佛教圣地，有很多供奉佛祖和菩萨的宫殿，如弥勒佛殿、释迦佛殿、文殊菩萨殿，由于这些佛殿建筑年代不一，因此建筑风格也各不相同。弥勒佛殿始建于火牛年（1577年）。由大禅师仁钦宗哲主持修建，为塔尔寺最早的正式佛殿，该殿是座两层歇山顶汉宫殿式建筑，高13米左右，平面呈正方形，面阔5间，进深5间，面积为196平方米。15根藏式八棱柱承飞檐，起斗拱，精雕细刻，着彩饰花，粉金绣文，形成回廊殿，间竖嘛呢经轮8对，随信徒转动，吱吱作响。

弥勒佛殿是一座典型的明制建筑，其内部空间容纳5米高的佛像不采用减柱办法，而是将内槽四根金柱各向外移动40厘米的"退柱"，来达到扩大空间的目的。这也是塔尔寺建筑中的一大亮点。而释迦佛殿扩大空间的方法则是采用减柱办法，是以殿内无明柱，殿通高13米，形成上下两层。达赖遍知殿和祈祷殿虽然外部造型不同，但均建于清朝，因此都呈现出清代建筑风格。

殿门两侧的两块藏文石碑清晰地记载了九世班禅在1935—1936年驻锡塔尔寺的活动及清宣统元年班禅大师、章嘉国师、巴周活佛捐银修葺佛堂等内容，是研究近代塔尔寺的重要资料。殿门楣上原挂有"佛日重旭"匾额，殿内正中为弥勒佛坐像。殿名由主供弥勒而得。该像泥塑镀金，高近5米，具浓厚的犍陀罗艺术遗风。弥勒佛盘膝而坐，体态庄重自然，表情慈祥而庄重，充满神韵。背光光圈宏大，镀金箔，光焰远射，表现了佛法弘扬，并寓意五谷丰登、夜不闭户、路不拾遗以及光明灿烂的太平盛景。佛像左侧为塔尔寺创建者仁钦宗哲坚赞的灵骨塔，右侧为塔尔寺第一任法台根本上师沃赛嘉措的灵骨塔。右侧柱上端挂有三世达赖赠给塔尔寺的文殊菩萨像、胄等物；柱下供有一尊双手合十、食指微翘的金刚佛像，手背上铸有"明嘉靖二十三年吉月"字样，据说是建殿之初的文物。

四、寺院文化艺术的繁荣——塔尔寺艺术三绝

（一）酥油花

酥油是从牛奶中提炼出来的黄油，居住在青藏高原的人们称之为酥油，以之为原料塑造而成的艺术形象就叫酥油花，实际上属于雕塑艺术，是用酥油混合各色颜料而制成的油塑艺术品，源于西藏。完成一套酥油花作品需要六道工序，即扎骨架、制胎、敷塑、描金束形、上盘、开光。由于其产生的特殊背景和原因，所以这种艺术一直在寺院中流传。如今，随着其被列为国家首批非物质文化遗产项目，吸引了越来越多关注的目光。

相传唐文成公主与吐蕃王松赞干布结亲时，曾从长安带去一尊佛像供奉在拉萨大昭寺内。按照佛教的规矩，佛像前的供物必须有鲜花、净水、果品、熏香、佛灯等六种，但是在严寒的冬季，却没有鲜花献佛。信徒们为了表示对佛祖的敬意，就用酥油制成花，供奉于佛像前。从此相沿袭成了藏族人民的习俗。以龛供为主要形式的小型酥油花制作上以造型精妙、色彩绚丽柔嫩、花色品种层出不穷、形式多样、充满吉祥喜庆的视效为特色。如"切马"盒中作为供品的"吉祥八宝"油塑浮雕花卉组合的吉祥图案、立体"羊头彩塑"装饰供品，在寺庙与民间祭祀供品中必不可少，几乎家家必备。

酥油花表现的艺术形式多样，题材内容十分广泛，大多是属于佛教故事、历史故事、人物传记、花草树木、飞禽走兽、佛像和人物形象等。酥油塑出的佛祖天神，帝王将相等，做工精巧。随着时代的推移，又不断赋予一些新的时代气息。如"释迦牟尼本生故事"，既丰富了酥油花的传统风格，又生动地反映了现实生活，使以前的单塑手法逐步发展成为立塑和浮塑相结合、单塑和组塑相结合、花架和盆塑相衬托的多种形式。1594年，酥油花传到了塔尔寺，经该寺艺僧苦心

钻研，使其在题材和工艺上有了新的发展，成为塔尔寺独有的一种高超的油塑艺术。塔尔寺建有专门陈列油塑艺术的酥油花馆——"上花院"和"下花院"。每院有艺僧20人左右，这些艺僧一般从十五六岁入寺，一生从艺。每年11月左右，塔尔寺上院和下院的僧人便各自开始酥油花的塑造。由于酥油花的熔点是 −14℃，为了保持这样的低温，僧人们都是在四面通风的地方工作。双手的温度一旦升高，就要立即将手浸泡在冰水里，待手温降低之后，再继续工作。于是，很多艺僧的手因此而变形残废。

每年农历正月十五灯节时，塔尔寺都有举办酥油花展的习俗，上院和下院将做好的酥油花展出，胜出的酥油花被安置在封闭的背阴处，有利于保存，亚军则放置在阳处。艺僧将精心制作的酥油花在寺内展出，在寺内广场搭起几座或多座彩棚，四周以数丈长的松木杠为架，垂挂起花团锦簇的经幢围成大幕，棚内灯火通明。入夜，在一些梵乐声中，花展开始，成为一年一度的寺内盛会。在酥油灯与电灯的交相辉映的炫耀下，酥油花便展现在观众面前，显得格外醒目，数以万计来自四面八方的各族群众和中外游人，面对美妙绚烂的酥油花，赞不绝口、流连忘返，成为西宁地区的一大盛景。

酥油花集浮雕、镂雕、立体雕和绘画于一体，在艺术上达到了很高的水平，有极高的艺术价值。并且，酥油花还具有很高的历史学价值，自酥油花诞生至今的四五百年历史中，每年展会除塑造佛像之外，还忠实地记载了许多重大的历史事件，都成为了很有价值的史料。

（二）壁画

到塔尔寺观光的人们，都会惊奇地发现寺院里壁画不仅遍布于宫殿高大的墙壁上，即便是喇嘛们矮小的禅房卧室里，以及门、柱和天花板上，都绘有各种各样互不雷同的壁画。壁画是各殿宇墙壁上的绘画，大多绘于布幔上，也有直接绘于墙壁和栋梁上的。塔尔寺壁画色彩鲜艳醒目，这与它所用的颜料有直接关系。壁画颜料采用石质矿物，它采用的颜料是石质矿物，还配有金粉等珍贵物品，色彩鲜艳，能够长时间保存。壁画是喇嘛教宗教画系，与汉画有些不同，具有浓郁的印藏风味。壁画内容大多取材于佛经黄教诸密乘经典。画面情节属黄教内容，人物主次多属密乘教义。整幅画面构思巧妙，布置适然，色调和谐，精巧细腻，层次分明，千姿百态，栩栩如生。

塔尔寺壁画从制作和表现方式来看，大体可分为三种：一种是布幔画，先在白布上画好画面，然后根据所放置的墙面大小嵌以木框，钉于墙壁之上；一种是壁面画，就是在经过处理的洁白墙面上直接绘以各种题材的壁画。上面两种多是宗教画，间或有点风俗画。再一种是在墙面上嵌上木板，进行干燥刨光处理，用胶和石膏合成白浆打底子，在上面再绘各式图画。寺上经殿檐下柱头、梁杭、斗拱、飞檐出椽上的绘画属后一种。

凡壁画工笔重彩，描绘精致，极富有装饰效果的"热贡艺术"风格和浓厚的印藏风格。塔尔寺壁画的色彩丰富、明亮、对比强烈而又调和，冷、暖色交替使用，层次分明。以冷、暖色来表现人物的性格是壁画的特点之一，安详和善者用暖色调、性格凶猛者用冷色调，这样可使画面动静相宜，生动而又平稳。塔尔寺始建于明万历年间，至今有四百多年的历史了。这些精美的壁画，便是当时传下来的作品，之后每隔一定的时间便加以刷新添色，现在人们看到的壁画，犹如刚刚画的一样，清晰醒目、色彩鲜艳。塔尔寺院内大多数壁画是宗教画，描写的多是佛教经典故事和寓言故事。从人物表情里，也可以看出其善恶、凶暴、欢乐、忧愁、愤怒、怜惜的性格特征。再加上那些山水、花草、禽兽等多种形色的壁画和雕刻，便烘托出一幅奇妙的"仙境"。例如大经堂正面和南侧墙上，便是巨大连幅的佛教神话和寓言故事，一幅描写那面凶心善的武神用法宝（像琵琶之类的东西）、枪剑与恶魔搏斗，无情地惩罚着"恶人"。

那些"恶人"在画家笔下，一个个是五官歪斜、面目狰狞、贪婪残暴，一看便使人厌恶、僧恨。另一幅是描述一个"凡人"徘徊于三叉路口：一条路是贪财好色，图一时富贵荣华的享受下了"地狱"，被魔鬼生吞活剥，割头抽肠的绝

路；另一条是虔诚修行，脱胎成佛，获得"正果"的道路。其中两者必选一，那"凡人"毅然走了后一条道路。这幅壁画故事的寓意，无疑是教人要弃恶从善，弘扬佛法。

寺里讲经院里的壁画更扬名远近，尤为奇特。那十三幅布幔画鲜艳夺目，清新美观。正中墙上的九幅画，中间两幅是身着大红镶金裂装，头戴黄帽端坐"宝位"的"宝贝佛"(民间对黄教创始人宗喀巴的尊称)，面望大金瓦寺，目光炯炯有神，显得十分威严。那左右八幅，俗称"欢喜佛"。画面上的人有的三头六臂，有的多头多臂。外围还有许多身披装装虔诚诵经的佛像，个个稳坐莲花。

这些壁画构思巧妙，色调和谐，层次分明，千姿百态，栩栩如生。有的笔锋细得像针尖，在手指般大的布上，就绘着一个完整的佛像，服装虽然繁杂，但却十分鲜明。即便是雕刻在深绿色琉璃砖墙上的一束束花草，那红、黄、蓝、绿色，多像寺院附近野生的马蓝草、馒头花那样富有生机。

寺庙的建筑内一般不如现在建筑那样灯火通明，华丽耀眼。需怀着一颗宁静的心走入塔尔寺，走入这个佛教圣地。室内的壁画随着时间的流逝，有些陈旧了。但是我们依然赞叹，依然被这样技艺高深的艺术品打动，不论是作为信徒还是游客。

（三）堆绣

堆绣是唐卡的一种，其实就是用布做的画，是我国古代流传的一种传统民间工艺，又叫剪贴、补花。据《中国美术史》记载，堆绣最初是由刺绣艺术发展而来的，它起源于唐朝，前身是丝绫堆绣，到了清朝有了进一步的发展。据说乾隆的母亲就曾亲自带领宫女们用这种工艺做出了很多花鸟、人物作品。堆绣制作精细，图案别致，形象生动，繁复奇绝，是塔尔寺独特的传统艺术，是僧侣艺术之佳作。其工序有图案设计、剪裁、堆贴、绣制、个别图案部分上色等。堆绣大都以佛经故事为题材，以人物为主。它用各色的绸缎剪成所需要的各种形状，如佛像、人物花卉、鸟兽等，以羊毛或棉花之类充实其中，再绣在布幔上，由于中间突起，有明显的立体感。本寺大经堂内悬挂有"十八罗汉"等堆绣艺术珍品。

堆绣是藏族地区特有的一种艺术，但是，细心的人们发现，它和江南苏杭的刺绣有着许多相似之处。虽然找不到具体的文字根据，但是从艺术的类型、特点上来说，堆绣肯定有苏杭刺绣的特征。虽然现在没有确凿的证据来证实，但是我们可以肯定这里有着藏汉文化交融的辉煌成果。

这种工艺传入藏区后，被用于唐卡的制作，发展成一种新的唐卡门类。尤其在青海、甘肃、西藏、四川等地区有深远的影响。堆绣历史源远流长，独具地方特色，是藏族和土族绘画艺的主要形式之一，在青海、甘肃、西藏、四川等藏族地区有一定影响。堆绣包括刺绣和剪堆两种，其内容题材大多来源于佛教故事和宗教生活等。堆绣是刺绣与浮雕的巧妙结合。可以说，从"平面刺绣"到"立体刺绣"，这是刺绣艺术的发展与创新。当艺人把这些人物刺绣"堆"成一幅幅巨型挂卷时，往往需要耗费数年时间，真是慢工出细活，日久见匠心，为刺绣艺术的上品。

塔尔寺堆绣最初称为"堆棱"，藏语名为"格直卜"，是将刺绣浮雕完美结合一体的工艺美术品，与一般刺绣不同之处，则是用"堆"的特殊技法进行刺绣。制作时，人们根据作品的需要，先选好各种有颜色的或带花纹图案的绸缎，剪成人物、鸟兽、山水、花草、虫鱼的形状，在底部填上薄厚不一的羊毛或棉花，然后用彩色丝线刺绣在准备好的一幅幅布幔上，图案是由一块块、一件件拼合成的，正由于中间垫物而形成高低起伏，使其绣出的物体，人物造型活灵活现，景物层次清晰、立体，将它悬挂在墙壁上，宛如一幅幅丝质的彩色浮雕、鲜艳醒目，即使置放在较暗的光线下，也有较好的视觉效果。在西北民间刺绣中，也有"堆"的这一技法。这只是把剪的彩色绸缎块，按要绣的物体，平贴拼合在刺绣的布料上，如枕头顶、鞋帮、围肚等，底部不垫羊毛或棉花，刺绣出来的东西也同样有一定的立体感。但它远不及塔尔寺堆绣作品之大，内容之多，手法

之高，而在风格上也迥然不同，当地人俗称"压（绣）布佗蛇"。

在 1991 年的时候，北京民族文化宫展览酥油花，同时也展出了几件堆绣作品。中外游人看后都赞不绝口，说这是他们"从未看到过的精艺品"。塔尔寺内有一个类似"艺术学院"的机构，俗称"画院"，藏族、蒙族和土族艺术人才汇集的地方，他们从事绘画、雕刻、雕塑工作，组织安排节日文化娱乐活动。该画院重视民族艺人的培养。许多喇嘛七八岁入寺后，便在这里长期学艺，刻苦学习几十年，成了有名气的专家，有的还兼长多种技艺，血日尼玛、西尼玛、罗藏丹主三位艺人，在寺上享有很高的声誉。

五、文成公主进藏与塔尔寺的发展

（一）文成公主的历史贡献

　　文成公主是吐蕃赞普松赞干布之妻，是唐太宗的室女。634 年的时候，松赞干布遣使入唐求联姻。640 年吐蕃遣大相禄东赞至长安献黄金为聘礼，唐以文成公主许婚。641 年，唐遣宗室江夏王李道宗持节送公主入蕃，松赞干布为公主筑城邑、立屋宇，当做她的住所。文成公主自己是信仰佛教的，她在逻些（今西藏拉萨）修建小昭寺，协助泥婆罗（今尼泊尔）尺尊公主（亦松赞干布之妻）修建大昭寺。至今，大昭寺、小昭寺依然是藏传佛教信徒膜拜的圣地，也成为拉萨的标志之一。文成公主从长安带到吐蕃的释迦牟尼像至今仍保存在大昭寺。松赞干布因娶公主，仰慕中华文明，有意汲取其中的文化精华，于是派吐蕃贵族子弟至长安国学学习诗书，在唐境聘请文士为他掌管表疏，又向唐请求给予蚕种及制造酒、纸墨的工匠。文成公主在喇嘛教中被认作绿度母的化身（度母，藏语中作卓玛，藏族佛教传说中的观音化身），受到极大崇敬。

　　唐代著名画家阎立本所绘的《步辇图》描绘了唐太宗会见松赞干布派来迎娶文成公主的使者时的情景。文成公主进藏的故事在很多文学艺术作品中出现，它被看做是和亲外交中最为成功的典范。

　　唐朝是中国历史上和亲最多的朝代，曾先后远嫁过 19 位公主。在和亲的公主当中，最著名的当属嫁给了吐蕃赞普的文成公主。

　　吐蕃人是今天藏族人的祖先，他们世代生活在青藏高原上，过着以游牧为主的生活。7世纪，弃宗弄赞继承王位，做了吐蕃的赞普，也就是吐蕃的首领，人们称他为松赞干布。松赞干布是一位骁勇善战的领袖，他率领军队统一了青藏高原上的许多部落，最终建立了以逻

些城为中心的强盛王国。贞观十二年，松赞干布率吐蕃大军进攻大唐边城松州（今四川境内）。而此时的唐朝正值太平盛世，国富民强，文化艺术也都达到了一个巅峰。凭借着强大的国力，很快大败吐蕃军于松州城。松赞干布俯首称臣，并向大唐提出了和亲的请求。为了保证大唐西南边陲的稳定，使得这种太平盛世延续下去，唐太宗很快便答应将文成公主许配给松赞干布。

在文成公主进藏之前，由于青藏高原地理因素的阻隔和其他原因，中原与吐蕃间很少有往来，更没有像丝绸之路那样成熟的路线。唐蕃联姻后，经过两个多月的准备，641年隆冬，24岁的文成公主启程前往吐蕃。送亲队伍从长安出发，一路西行。送亲队伍选在寒冬出发，因为此行由长安到西藏有一个多月的路程，沿途要经过几条湍急的大河，隆冬季节河水平缓，便于送亲的队伍通过。这支隆重的送亲队，除了携带着丰盛的嫁妆外，还带有大量的书籍、乐器、绢帛和粮食种子；成员中包括了大批文士、乐师和农技人员，就像是一个"文化访问团"，将大量中原文化的精髓传播到西藏。也正是因为有了这些人，才使中原的文化在吐蕃融合发展起来。

文成公主进藏所走的道路，便是后来人们所说的青海古道，它经陇南、青海到达了黄河的发源地。松赞干布亲自率队到柏海迎亲，然后同公主一道返回逻些城。为了将这次和亲永载史册，留示后人，松赞干布还特别为文成公主修建了一座华丽的宫殿，它也就是今天西藏的标致之一——布达拉宫。成为西藏的地理坐标。

文成公主为吐蕃日后的发展作出了举足轻重的贡献，不过在史料中，她的身份被记为"宗室女"，也就是说她不是唐太宗的亲生女儿，除此之外关于她的出身便没有更多的记载。历史上文成公主成了最后一位隐匿了身份出嫁的公主。在她之后，和亲公主的真实身份便不再隐瞒。唐朝以后，和亲之事仍在继续，金城公主出嫁时在大昭帝立了唐波会盟碑，不过他们的历史贡献已远非文成公主这样显著了。

（二）文成公主远嫁西藏的传说

唐朝文成公主嫁给藏王松赞干布的故事，流传了一千多年。汉藏联姻促进了民族团结和文化交流，特别是对藏族经济、文化等方面的发展，起到了积极的作用，并产生了深远的影响。当时汉族的纺织、建筑、造纸、酿酒、制陶、冶金、农具制造等先进生产技术，以及历法、医药等都陆续传入了藏族地区。同时，汉族也吸收了不少藏族的文化。藏族文化的特色也逐渐被中原地区的民众了解。

藏族民间至今还流传着许多文成公主进藏的故事。其中一个传说故事说的是松赞干布向文成公主求婚的过程。

藏王松赞干布派了一位叫禄东赞的使者前去长安求婚。当时前往长安求婚的使者共有七人。起初，唐朝皇帝认为西藏太远，不愿将公主远嫁。于是同大臣们商量，出了几个难题来考这七位使者，企图让藏王的使者知难而退，以便谢绝这门婚事。

第一个难题是将五百匹小马放在中间，五百匹母马拴在四周。让这七位使者分辨出每匹小马的亲生之母。其他六位使者无法辨认，他们把小马牵近母马，不是踢就是跑，小马怎么也不敢近母马的身。禄东赞是个很有智慧的人，懂得马性，他让人给母马喂上等草料，让它们吃饱。饱食的母马叫起来，招呼自己的小马去吃奶。于是五百匹小马纷纷来到自己的母亲身边，他毫不费劲地解答了这个难题，过了这一关。

第二个难题是要用一根线穿过一块中间有弯曲孔道的玉石。那六位使者花费了很长时间，使尽浑身解数都未能穿成。最后轮到禄东赞，他的办法很有创意，他捉来一只小蚂蚁，先把细线粘在蚂蚁的脚上，然后在玉石的另一个孔眼处抹一些蜂蜜，蚂蚁闻到蜜香，就沿着弯曲的孔道往里钻，于是，这个难题又被解决了。

第三个难题是将两头刨得粗细一般的一根大木头，让七位使者分清哪头是树梢、哪头是树根，同时说出其中道理。那六位使者仔细观察这

块木头，无论是量还是看，怎么也分不出来。藏王使者禄东赞叫人把木头放在河里，木头一浮起，前头轻，后头重，轻者为梢，重者为根，一清二楚。这三个难题就这样很快被禄东赞解决了。

禄东赞的聪明才智使皇帝很惊讶，并且非常赞赏他。于是最后又出了一道难题：要他们在三百个穿着打扮一模一样的姑娘中认出谁是公主。这七位使者都从未见过公主，要认出来谈何容易！那六位使者挑的都是最漂亮的人，结果都认错了，非常遗憾。禄东赞从一个老妇那里得知公主从小爱擦一种香水，经常会吸引一种蝴蝶在头顶上飞。禄东赞根据老妇这一指点，用这种小蝴蝶，从三百个姑娘中认出了公主。

经过这一番考验，皇帝只得同意将公主许配给藏王，让公主嫁到遥远的西藏去。禄东赞见了公主说："你去西藏的时候，别的东西都不必带，只要带些五谷种子、锄犁和工匠就行，这样就可以帮助我们西藏种植更多更好的庄稼。"于是文成公主进藏时，皇帝送给她的是 500 驮五谷种子、1000 驮锄犁，还有数百名最好的工匠。

相传当年文成公主辞别父母，离开长安以后，跋山涉水，历尽艰辛来到荒凉的青藏高原上，由于离亲人和家乡越来越远了，不由得思念起远在长安的父母来。她想起临别时母亲送给她一面宝镜时说的话："若怀念亲人时，可从宝镜里看到母亲"。于是急忙取出"日月宝镜"，双手捧着照起来，可是这一看让文成公主更加不高兴了。原来文成公主并没有如愿从日月宝镜里看到自己的母亲，而是自己满脸憔悴的愁容。文成公主非常生气，一怒之下把宝镜摔倒了地上。奇特的事情发生了，日月宝镜落地就化为高矮的两座山，后人称之为日月山。日月山恰好挡住了一条河流的去路，河水只能掉头流去。这条河就叫做倒淌河，也有人说这是文成公主的眼泪汇聚而成的。日月山和倒淌河现在也成为了青海省的著名旅游景点。

中国藏传佛教建筑

哲蚌寺

位于拉萨西郊更丕乌孜山下的哲蚌寺是中国藏传佛教格鲁派最大的寺院。与甘丹寺、色拉寺合称拉萨三大寺。哲蚌寺，藏语意为"堆米寺"或"积米寺"，藏文全称意为"吉祥积米十方尊胜州"。寺庙之大，建筑之宏伟，寺庙文化之厚重，都不愧是藏传佛教的一大名寺。深居在山腰的哲蚌寺，白色的建筑、金色的屋顶，与蓝天白云一同构成了一幅令人向往的图景。

一、培养高僧的基地

(一) 哲蚌寺的兴建

哲蚌寺，藏语意为"堆米寺"或"积米寺"，藏文全称意为"吉祥积米十方尊胜州"，坐落在拉萨西郊十公里外的格培乌孜山南坡的山坳里，为中国藏传佛教格鲁派六大寺之一。与甘丹寺、色拉寺合称拉萨三大寺。1962 年哲蚌寺被列为西藏自治区重点文物保护单位，1982 年被列为全国重点文物保护单位。

1409 年宗喀巴大师在拉萨大昭寺成功创办了传昭大法会，同年他亲自倡建格鲁派祖寺甘丹寺，至此标志着他苦心创立的新教派格鲁派已经形成，得到全藏僧俗群众的信奉。宗喀巴在他 36 岁时就开始招收徒弟讲经说法，先后在各地讲授《现观庄严论》《因明》《中论》《俱舍论》等；还专门研习噶当派的教法及《菩提道炬论》等重要经论，同时系统修学萨迦派的"道果法"、噶举派的"大手印法"等各种密法。格鲁派势力日益强大，信徒与日俱增，哲蚌寺就是在这样的背景下创立起来的。1416 年，宗喀巴弟子强央曲杰主持修建。建成后他任第一任堪布。强央曲杰诞生于西藏山南桑耶地区，从小勤奋好学，以后拜宗喀巴为师，专攻佛教经典，终成精通佛教显密宗经典的著名人物。为了进一步弘扬格鲁派，宗喀巴大师嘱托他建一座规模宏大的寺庙，并赠给他一件象征吉祥的右旋法螺。

公元 1464 年，哲蚌寺建立僧院，传授佛教经典。寺内共有 4 个僧院（扎仓）、29 个康村。康村是依僧徒来源地区划分的僧团单位，若干康村组成一个僧院。五世达赖喇嘛时期规定格鲁派寺院常住僧人数量时，哲蚌寺额定为 7700人。到 1951 年前，实际住寺僧人多达万余人，成为西藏地区规模最大、僧人最多的寺院集团。哲蚌寺主要由措钦大殿、四大扎仓（即罗赛林扎仓、德阳扎仓、阿巴扎仓、郭芒扎仓）和甘丹颇章几部分组成。

　　三世达赖索南嘉措于 1546 年作为该寺的第一个活佛被迎请入寺。后来他应蒙古俺答汗的邀请，到青海讲经传法。1578 年，俺答汗赠以"圣识一切瓦齐尔达赖喇嘛"的尊号，达赖喇嘛一称即始于此。索南嘉措得此尊号后，又追认其前两世为第一、二世达赖喇嘛。五世达赖罗桑嘉措受清朝册封之前，一直住在该寺。由于历世达赖喇嘛皆以哲蚌寺为母寺，因此该寺在格鲁派寺院中地位最高。由于哲蚌寺开始修建时就和世俗贵族结合相当紧密，所以很快发展壮大起来，后来逐渐发展为格鲁派实力最雄厚的寺院。最盛时期寺僧编制为 7700 人，拥有 141 个庄园与 540 余个牧场。

　　关于哲蚌寺的兴建有一个有趣的传说。1416 年的时候，带着八个徒弟，坐着牛皮船横渡拉萨河来到现在哲蚌寺的建造地址。他郑重其事地燃起三盏酥油灯，分别在山坡的东部、西部和中间摆着。突然，一阵山风吹来，东西两盏灯熄灭了，只有中间一盏没有熄灭。强央曲杰笑了，顺手捡起一块石头，朝山下扔去，恰好遇到一个牧羊女路过，她抖了抖彩色围裙，石头突然立在了地上。强央曲杰心里非常高兴，满意地说："师父说得对，这是块吉祥宝地，牧羊女看来是空行女转世，咱们寺院的第一幢房子，就在这里奠基吧！"强央曲杰和八个徒弟修建的经堂，名叫"强央拉康"，它是哲蚌寺所有建筑的嚆矢。宗喀巴曾亲自来这里主持了开光仪式。

（二）哲蚌寺的寺院教育制度

　　公元 5 世纪初，佛教开始传入藏区。在这之后的几百年间，藏传佛教的传入经历了许多的曲折和磨难，佛教在西藏的发展过程中与西藏原始宗教苯教之间纷争不断。在一次又一次的宗教斗争中，双方的宗教典籍大量被焚烧，寺院也被拆毁，宗教文化的发展遭遇了巨大的阻力，西藏形成的寺院教育也遭受到严重挫折。到了 10 世纪下半叶，佛教在西藏复兴，藏传佛教形成，其宗教文化和寺院制度也渐成

哲
蚌
寺

气候，西藏的地方权贵们开始资助兴建寺庙，以寺院为中心的佛法教育随之开始兴盛。

随着藏传佛教寺院的蓬勃发展，寺院教育制度在藏族地区日臻完善，特别是后起之秀格鲁派的创立，大大促进了寺院教育的长足发展。藏传佛教各派别都规定了适合自身派别学习的内容和教学方法。1409年，宗喀巴大师在拉萨以东的卓日窝切山腰创建了甘丹寺，并在该寺推行严守佛教戒律、遵循学经次第、提倡先显后密即显密相融的佛学体系，并成功建立了有章可循的寺院机制和一整套严格的教学体制。宗喀巴通达各派显密教法，以中观为正宗，以噶当派教义为立宗之本，综合各派之长，并亲自实践或修行证验，建立了自己的佛学体系。宗喀巴根据五部大论的相互关系和内容深浅不同等特点，制定先学摄类学，认为摄类学或释量论是开启一切佛学知识之门的钥匙；其次为般若学，认为般若学是佛学的基础理论；之后为中观学，认为中观学是建立佛学观点的理论基石；而后为俱舍论，认为俱舍论是领会小乘之因、道、果理论的权威经典；最后是戒律学，认为戒律学是了解和遵循佛教戒律学的历史和规则，以及如何修持和授受佛教戒律的经典理论。格鲁派在继承桑浦寺寺院教育的基础上，创造性地发展了藏传佛教寺院教育。比如，宗喀巴不仅富有创见性地将五部大论有机地结合在一起，而且在格鲁派寺院内建立了学科分类、高低分层的教学体制，寺院教育更加系统化。由于其戒律严明，讲究修习次第，注重理论修养，加上其创始人宗喀巴及其徒众受到明清两朝皇帝的册封，格鲁派逐渐雄踞其他派之上，成为西藏地方政治与宗教方面的首领。格鲁派寺院的教育体制，也逐渐成为藏传佛教乃至整个藏族寺院教育的代表。

哲蚌寺作为格鲁派的一个重要寺院之一，寺院内部组织制度严密。错钦、札仓、康村和米村为主要的组织。错钦是全寺最高组织；札仓隶属于错钦，相当于分院；康村是札仓的基层组织；米村又是康村的下一级组织。四个札仓分别名为罗色林、果芒、德阳、阿巴。每个札仓都有供茶集会的大殿和经堂。札仓有各自所属的僧众，不同札仓的僧众不能相混。札仓僧众每年集体学习共有八次，每次学习时间十五天至一个月不等。学习方法是背诵经文和以因明方式辩论；在堪布前受试及格，由堪布按成绩优劣分别登记，授予不同等级的"格西"学位，直到参加大祈愿法会，授予最高的"拉然巴格西"学位。

格鲁派的学程严格，教材固定，学制严谨，有一整套严格的考试制度和学位晋升制度。根据格鲁派的阐释，释迦牟尼开创的佛教正法，归根结底，是由教义理论和实践证验构成，因而一切"教"的正法，均摄在经、律、论三藏之中；一切"证"的正法，又摄在戒、定、慧三学之中。宗喀巴在融会贯通五部大论的基础上建立的教学方法，是一种系统掌握佛教三藏的颇具科学性的寺院教育体制，在藏传佛教寺院教育史上具有创新性。所以，这一教学体制很快在格鲁派各大寺院推行，并对其他宗派的寺院教育产生深远影响。这是宗喀巴对藏传佛教寺院教育事业作出的突出贡献。

一般而言，佛教五部大论是藏传佛教寺院教育中的主要教材，因为它涵盖了佛教三藏。五部大论最初是在后弘期兴起的藏传佛教六大显宗学院中开始全面学习，后逐渐成为主要教材。这六大显宗学院分别是桑浦寺、德瓦坚热瓦堆扎仓、蔡贡唐寺、巴南嘎东寺、矫摩隆寺和斯普寺，后来格鲁派寺院继承这一学风，并得以发扬光大，至今五部大论依然是各个寺院教育中无可替代的重要教材。

在格鲁派的传统中，修习佛法的最高学位藏语称为"格西"，可以理解为佛学的博士。学僧通过相当长时间的学习和辩经，要达到通晓本派的五部经典大论，既能背诵经典，又能理解其含义后，由他们的老师提名，就可以参加"格西"答辩。这样的过程一般最少也需15年才能完成。"格西"分为四等，根据不同的地点和考官，所获得的格西分量和声誉大不相同。最高级别是"拉然巴格西"，就是在一年一度的拉萨传昭法会上通过辩经获得名次的"格西"。

考上"拉然巴格西"的人，说明他对显宗已经有了很深的造诣，才可以担当住持拉萨三大寺（即甘丹寺、哲蚌寺、色拉寺）或其他格鲁派寺院的重任。

寺院学习还有一个特点就是辩经。每天，寺院里的活佛都会给各班学僧一些指导和鼓励，用自己的经验和智慧指出他们应该努力的大致方向。然后，整个班级在公开场合，大声地进行辩论，用这样的方式提高学僧的思辨能力。辩

哲蚌寺

论中会运用各种各样的技巧、手势，可以吸引较多人的辩论者往往被认为是高材生。辩论考试是以正方或反方的形式进行，在藏传佛教的宗教术语中被称为立宗辩论，就是围绕某学说或论点进行答辩，提出其中的许多疑难问题，让答辩人一一解答或简明扼要地阐释，如对答如流或阐释深入浅出，则其答辩人的辩论考试成绩为及格或优异，否则，其答辩考试不能通过，需要重新复习，有待补考。尤其是这一考起就纳入僧人的学经之中，并对僧人的学习起到促进作用。由于藏传佛教经院教育提倡并重视辩论这一学经方式，学僧个个思维敏捷或善于辩论，并具有超常的哲学思辨能力。

在僧人们看来，辩经是藏传佛教秩序的象征。

2008年12月（藏历十月）哲蚌寺举行了"格西"学位考试。这次考试由中国佛教协会西藏自治区分会会长珠康土登克珠活佛主持，持续了三天，其中两天是辩经，最后一天进行文化课考试。"这次考试场面十分盛大，历年来少见。"据罗布坚参介绍，共有来自拉萨三大寺（哲蚌寺、色拉寺、甘丹寺）、扎什伦布寺、大昭寺等西藏十个著名寺庙的二百多位高僧参加了这次考试。和时下流行的评委打分模式一样，格西学位考试也要组成"考评委员会"。来自拉萨三大寺、大昭寺、扎什伦布寺等著名寺庙的经师共同组成了"考评委员会"，考试的内容是藏传佛教经典五部大论和大小五明。考评委员会的各位经师根据辩经问答的情况当场打分，进入前十名的僧侣有望晋升格西。

近年来通过格西考试的僧人逐年增加，而格西考试制度的恢复也重新点燃了西藏僧人们学经、辩经的热情，辩经的气氛越来越浓厚。

（三）最具特色的僧侣学习方式——辩经

1. 辩经的来源

辩经是什么意思呢？辩经，是一种佛学知识的讨论，也可以说是喇嘛们的一种学习方式。这是一种富于挑战性的辩论，双方唇枪舌剑，言词激烈，辩论者往往借助各种手势来增强辩论的力度，他们或击掌催促对方尽快回答问题，或拉动佛珠表示借助佛的力量来战胜对方。

藏传佛教的辩经制度起源和因明学有着密不可分的联系，"因明"的梵文含义是"新知"，藏文译作"测码"，即"真知"或"正确的认识"。它是开发人的智慧，提高逻辑思维能力，培养辩论技巧的有力武器。藏传佛教因明学有一千二百多年的历史，一直传承不断。11世纪末在桑普寺设置因明学科以来便成了寺院传统教育的主要组成部分。发展前期有两件事情对因明学的发展起了至关重要的作用：一是俄大译师（1059—1096年）仿照印度中古时期的最大经学院那兰陀的体制创办了五部经学院，使因明和佛学的研习走向了正规化的道路，为寺院教育体系的形成做了铺垫。这个时期桑普寺辩经院培养出了一大批因明学和佛学方面的人才，其中专讲《正理彻悟论》的有255人，专讲《正理庄严论》和《大合理论》的有55人。第二件大事是桑普寺第四位住持恰巴曲桑论师（1109–1169年）开创了《集学》最初理论纲要，初步形成了理论基础。这是通过分析、推理、论证的方法去认识、辨别各种概念、内涵、外延和事物之间的辩证关系，来提高分析、思辨能力的一种学科，这也是辩经的精髓所在。它为后期的《集辩》奠定了基础，为因明辩论技术的进一步提高作出了重要的贡献。后来格鲁派创始人宗喀巴对恰巴曲桑创立的辩经理论和制度，做了一些修改、增补了一些适合格鲁派学僧学习的新内容，逐步形成了格鲁派的辩经制度。继承了藏传佛教"闻思修、讲辩著"的优良传统。

这种哲学的思维和对最高智慧的追求和向往，促使藏传佛教逐渐形成了完整的辩经制度。辩经对促进藏传佛教寺庙僧人学经有很大的推动作用，通过辩经能提升寺庙的经学水平，也增加了僧人们学经的信心和动力，辩经还为高僧们创造了一个相互交流的机会。寺院的僧人说："平日里各个寺庙、各个教派的高僧们各自修行，难得交流，辩经让高僧大德们走到一起。在辩经中交流，相互学习，这对于提高藏传佛教的整体水平益处很大。"

哲蚌寺

2. 哲蚌寺的辩经文化

哲蚌寺里的僧人早上六时起床，七时开始在僧舍诵经，九时后随各自经师学经，下午二时在寺内辩经场上辩经，晚上八时至十二时再到经师处学经。这便是哲蚌寺僧人的作息时间表。无论发生什么，这个作息表都会一直延续下去。

哲蚌寺的四周几乎都是沙石荒山，鲜见草木，但寺内却有几处树木繁盛的院场，这便是辩经场，在高原强烈的阳光照射下，这里显得舒适许多。哲蚌寺的每个札仓（即僧院）都有辩经场，一般设于札仓所在地附近，主位有一级一级的辩经台，辩经时喇嘛依次就坐，寺里每天都有僧人在此辩经。每天到了一定的时候，宁静的寺院会突然出现喧闹的声音，但是这个声音仿佛不是杂乱无章的，而有一定秩序蕴含其中。在哲蚌寺游览的游客，常常能够见到这样的辩经场景。

辩经是藏传佛教一种独特的修行方式，僧人们认为，辩经的唯一目的是追求真理，并以此来提高自己的思辨能力。为了真理，可以争得面红耳赤，这里没有人会介意。每天下午，寺里的学僧便聚集到辩经场，两人一组或多人一组，一人站着发问，一人坐着应答。提问人常常击掌发问，坐着的僧人要接受诘问，并引经据典解答疑问。既然是辩经，彼此之间的言语交锋在所难免，为了追求真理，偶尔还会发生肢体冲突。当然，这些纯粹是为了求知，绝不是因为个人恩怨。

因此，寺院里有"铁棒喇嘛"来维持秩序。铁棒僧是藏传佛教系统里的僧职称谓，藏名为"格贵"，主要掌管各个寺院或扎仓僧众的名册和纪律，所以又名为纠察僧官、掌堂师。实际上，格贵是负责维持僧团清规戒律的寺院执事，历史上藏传佛教各大寺院的纠察僧官巡视僧纪时，常随身携带铁杖，故有"铁棒喇嘛"之称。

3. 辩经的夏学与冬学

藏传佛教文化和辩经制度进入了一个新的繁荣时期，学术思想空前活跃，高僧大德们带徒讲学、著书立说、自由辩论之风盛极一时，几十个不同教派先后诞生。恰巴曲桑去世十几年后，桑普寺分裂成上院和下院。桑普寺下院的主持中，以洛桑尼玛名声最盛，他是格鲁派创建人宗喀巴大师（1357–1419 年）的侄子，在任桑普下院住持以后，又担任了甘丹寺的第九任住持。从那时起，桑普寺与格鲁派的联系日益加强。格鲁派所属的四大寺，如前藏的色拉寺、哲蚌寺和甘丹寺以及后藏的扎什伦布寺，各寺学制都基本上按照宗喀巴大师创建的正规学制进行学习。前藏三大寺的学僧，除遵行经常性的学制，还有两个特殊的学期，其中一个是"桑普寺的夏学"。到这时，三大寺的学僧都会聚在该寺进行学习，主要辩论因明学，因为人多，桑普寺无法容纳居住，只举行一个仪式，在广场上展开"辩一天经"的经学辩论，这个夏学就算结束，其目的，主要是纪念桑普寺开创的因明学学习制度；第二个就是"绛饶朵寺的冬学"，每年的冬季，三大寺都选派学习较好的学僧会聚在绛饶朵寺，历时一个半月（现 25天），三大寺的扎仓、康村几乎都在那时修盖房舍，供学僧食宿、学习。每天的辩论，都是在露天大辩论场上举行，一两千名僧人聚在山坡上，同时展开辩论，场面宏大，震撼山谷。以前的生活条件是特别艰苦的，因此辩论僧人中流传着这样一句口头禅："桑普夏日经会，如果我没有去，说明我已亡；绛冬日辩会，如果我去了，那是我疯了。"

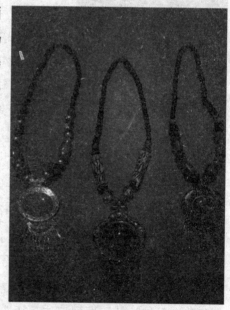

这一个半月的时间，都集中用于辩论因明学，只有通过这个辩论的学僧才能够在各寺争取到"拉然巴格西"的头衔。

哲蚌寺

二、信徒朝拜的圣地

（一）藏传佛教的朝拜方式

藏传佛教最有特点的两种朝拜方式就是磕长头和转经。在藏传佛教形成和完善的过程中这些习俗也渐渐传承下来。让人们赞叹雪域高原这圣洁的信仰之地，仿佛自己的灵魂也得到了一次洗礼，得到了一次净化。

1. 磕长头

磕长头，是在藏传佛教盛行的地区，信徒与教徒们一种虔诚的拜佛仪式。"磕长头"为等身长头，五体投地匍匐，双手向前直伸，用俗话来描述真的是五体投地了。藏传佛教认为，对佛陀、佛法的崇敬，身、语、意三种方式缺一不可。磕长头的人在其五体投地的时候，是为"身"敬；同时口中不断念咒，是为"语"敬；心中不断想念着佛，是为"意"敬。在磕长头中三者得到了很好的统一。在各地通往圣地的大道上，能够不时地见到信徒们从遥远的故乡开始磕长头，据说有很多信徒是从四川或者青海来的。他们手佩护具，膝着护膝，风霜雨雪都阻挡不了他们虔诚的目标。这些信徒们沿着道路，不惧千难万苦，三步一磕，以划线或积石为志，每伏身一次，以手划地为号，起身后前行到记号处再匍匐，如此周而复始，靠坚强的信念和矢志不渝的精神，一步步趋向圣城拉萨。遇到河流，须涉水、渡船，则先于岸边磕足河宽，再行过河。晚间休息后，需从昨日磕止之处启程。虔诚之至，坚韧不拔，令人感叹。朝圣的道路再远再艰辛，也阻挡不了这些千万里之外前来追寻的人们。

总的来说，磕长头分为长途、短途和就地三种。长途一般历经数月，信徒与教徒们风餐露宿，朝行夕止，匍匐于沙石冰雪之上，执著地向目的地进发。信徒在行进中磕长头，必须遵循这样的程序：首先取立下姿势，口中念念有词，多为诵六字真言即唵嘛呢叭咪。一边念六字真言，一边双手合十，移至面前，再行一步，双手合十移至胸前，迈第三步时，双手自胸前移开，与地面平行前身，掌心朝下俯地，膝盖先着地，后全身俯地，额头轻叩地面。再站起，重新开始复前，该过程中，口与手并用，六字真言诵念之声连续不断，以五体投地的姿势表示对信仰的虔诚。

短途一般是围绕寺院、神山、圣湖、圣迹磕头一周，少则几个小时，多则十天半月。

就地则是在自家佛龛前或附近寺庙大殿门前，以一定的数量为限，就地磕头。

2. 转经

转经是藏传佛教的一种重要的宗教活动，即围绕着某一特定路线行走、祈祷。

在西藏几乎随处可见转经的人，他们或者穿着藏族的服饰，或者是穿着内地民众一样的衣服，拿着小转经筒在街道上行走。因为藏传佛教信徒认为拉萨是世界的中心，拉萨则以释迦牟尼佛为核心进行转经活动。转经一圈为圆满，沿佛殿四周的转经甬道一圈为"囊廓"，是内圈；绕大昭寺一圈为"帕廓"，是中圈；绕大昭寺、药王山、布达拉宫、小昭寺一圈为"林廓"，是外圈。大昭寺实际就是佛教关于宇宙的理想模式——坛城（曼陀罗）这一密宗义理立体而真实的再现。人们认为转经就相当于念经，是忏悔往事、消灾避难、修积功德的最好方式。为了让这种最好的修德方式得到最充分的运用，西藏各处都修有佛塔，置有转经筒，甚至信徒随身携带着转经筒，一有闲暇，便转动经筒。

藏传佛教信徒转经还有围绕神山、圣湖而转的，比如神湖纳木错。也有围绕圣城、寺院而转的，有围绕佛塔、玛尼堆而转的……藏族是全民信教的民族，他们的宗教信仰在日常生活的各个方面都有所体现，转经的场所也一样广泛，遍布城乡。其中被视为最高级的转经方式是围绕冈底斯山转经。因为，冈底斯山是藏传佛教信徒心中的圣山，他们认定，围绕冈底斯山转经一圈即可洗去一生的罪孽，转十圈即

可洗去地狱之苦，转百圈即可成佛，在他们心中冈底斯山的神圣可见一斑。因而围绕冈底斯山转经是他们最大的愿望。不管这个愿望能否实现，他们都会为此而努力，无论何时何地，他们都会怀着虔诚的心情，不停地走，以转经的方式走过自己的人生，在这片土地上播洒自己虔诚的信仰。

转经筒对于藏传佛教的信徒来说再熟悉不过了，对于初到西藏的人来说，心中更多的却是神秘感。

转经筒又称"玛尼"经筒（梵文，中文意为如意宝珠），六字真言是藏传佛教名词，汉字音译为唵、嘛、呢、叭、咪、吽，是藏传佛教中最尊崇的一句咒语。藏传佛教认为，持诵六字真言越多，表示对佛菩萨越虔诚，由此可得脱离轮回之苦。因此人们除口诵外，还制作"玛尼"经筒，把"六字大明咒"经卷装于经筒内，用手摇转。藏族人民把经文放在转经筒里，每转动一次就等于念诵经文一遍，表示反复念诵着成百上千倍的"六字大明咒"。转经筒有大有小，小的拿在手中就可以了。这种手摇转经筒又叫作手摇玛尼轮，质地有金、银、铜等，也分大中小几种。这种可以拿在手中的转经筒主体呈圆柱形，中间有轴以便转动。不仅圆筒上刻有藏传佛教的六字真言，圆筒中间同样装着经咒。转经筒制作一般都很精美，上面刻满了经文和一些鸟兽等图案，不仅如此，还用漆绘彩色装饰，如同被用来欣赏的工艺品一样美观精致。一些转经筒上还镶以珊瑚、宝石等，增添了除宗教信仰外的价值。手摇转经筒旁边还开有耳孔，系着小坠子，转动圆筒下面的手柄，小坠子也随之转动，靠惯性加速转经筒的旋转，它与转经筒相碰的声音有节奏地响动着。随着转经筒的快速旋转，转经的信徒坚信他自己的虔诚、他的功德也在快速地积累。

尽管小转经筒转动比大的转经筒要快，但信奉藏传佛教的人们认为小转经筒还是无法与大转经筒相比，因为大的转经筒上面刻的经咒和里面装的经咒比小转经筒要多得多，转一圈划过的轨迹比小转经筒大得多，因而转一圈大的转经筒比转一圈小的转经筒积累的功德也多得多。这样一来，人们除了随时随地转动手摇转经筒外，还专门抽出固定时间，去转更大的转经筒，以积累自己的功德。大的转经筒一般都集中在寺院周围，有专门的转经走廊。一排排金色的转经筒被整齐排列固定在木轴上，一眼望去，感到既壮观又神秘。

这种大的转经筒也是圆柱形，和小转经筒的形状很相似。高近一米，直径约40厘米，一般有铜制和木制两种，铜制的转经筒外形仍为铜的本色，看上去金黄色的一片，非常壮观。木制的转经筒则多为红色，筒外包有绸缎、牛羊皮等，并刻着六字真言和鸟兽图案，筒里则装满了经文。转动这些转经筒得靠手推，比起小转经筒要费点力气，不过一般轻轻一推即可转动。转动起来即意味着将里面所装的经文一遍一遍地诵读着。也有手推也转动不了的转经筒，这种转经筒非常大，其高度可达数米，直径可达2米，筒中可容纳全部大藏经，必须许多人齐心协力才能够转动。

（二）哲蚌寺重要的佛事活动

哲蚌寺作为藏传佛教的一个著名寺庙，具有自身独特的文化传统，这不仅体现在哲蚌寺的制度和建筑之中，而且在哲蚌寺的各种重要的佛事活动中，也向人们展示着藏传佛教的文化魅力。

1. 重要法会

哲蚌寺一年中最主要的法会有春、夏、秋、冬季四大法会和初夏法会、萨嘎法会、阿曲法会和巴尔曲法会等大小八类佛事活动。春季法会的时间是每年的藏历三月三日至四月三日；夏季法会为每年的藏历五月十六日至六月十六日；

秋季法会为每年的藏历八月三日开始，九月三日结束；冬季法会在每年的藏历十一月十六日至十二月十六日之间举行。由于这些法会陆续举行，持续时间为一个月，因此也被称为"达曲"，就是月供或月会的意思。

初夏法会的藏语意思是"夏季第一场法会"，每年的藏历四月十六日至五月七日举行。萨嘎（意为白土）法会的时间为每年的藏历九月十六日至十月七日。这两个法会一共延续20天，所以也称作"尼绣曲托"，意思是二十日会供。

2. 雪顿佛事

西藏传统的雪顿节在每年藏历六月底七月初举行。在藏语中，"雪"是酸奶子的意思，"顿"是"吃""宴"的意思，雪顿节按藏语解释就是吃酸奶子的节日，因此又叫"酸奶节"。雪顿仪式在藏历六月三十日，由于这时正是哲蚌寺僧人的夏令安居时期，在大殿诵经时有享用酸奶的习俗，后来被称为雪顿，是酸奶宴的意思。因为雪顿节期间有隆重热烈的藏戏演出和规模盛大的晒佛仪式，所以有人也称之为"藏戏节""展佛节"。传统的雪顿节以展佛为序幕，以演藏戏、看藏戏、群众游园为主要内容，同时还有精彩的赛牦牛和马术表演等。

雪顿节起源于公元11世纪中叶，那时雪顿节是一种纯宗教活动。民间相传，佛教的戒律有三百多条，最忌讳的是杀生害命。由于春天气候变暖，草木滋长，百虫惊蛰，万物复苏，到处都是刚开始生长和复苏的生命，这时候僧人外出活动难免踩杀生命，会违背"不杀生"的戒律。因此，格鲁派的戒律中规定藏历四月至六月期间，喇嘛们只能在寺院里面关门修炼，称为"雅勒"，意即"夏日安居"，直到六月底才会开禁。在解制开禁之日，僧人纷纷出寺下山，世俗老百姓为了犒劳僧人，备酿酸奶，为他们举行郊游野宴，表演藏戏等娱乐活动。这就是雪顿节的由来。

哲蚌雪顿的日程安排一般是，从六月二十八日起，先由杰卡瓦等藏戏组织在寺院颇章平台表演藏戏。六月三十日黎明时分，众僧侣请出哲蚌寺措钦大殿内的巨型"唐卡"，在寺院西山上举行展佛仪式，也称为晒佛仪式。"唐卡"前还举行藏戏表演等。在当天哲蚌寺还举行措钦相俄的新旧换届仪式。届时有众多信徒和居民、游人前往观看。雪顿当日哲蚌寺僧侣也盛情接待各自的亲朋好友，大家一起欢庆这个藏传佛教的传统节日。

3. 学术会

"喇嘛日吉"意思是"喇嘛学术管理会"，每逢藏历七月份学术会议时，除阿巴扎仓堪布外，其他在任堪布每年轮流主持组织。它起源于降央却杰任哲蚌法台时期。学术全体会议的地点在措钦大殿的上房。阿巴扎仓和已退位的堪布不需参加学术会。

这个学术会议共持续 15 天。作为学术会议举行需要的物资。一些上层贵族和商人作为施主定期为喇嘛日吉布施茶、粮食和资金，地方政府划给的土地和牧场以及信教者赠送的大量钱粮（每年固定时间发放茶饭、布施的本钱）都有喇嘛日吉管理。有正式僧院的在任堪布以及堆瓦、夏果、吉巴等没有正式僧院的堪布轮流掌管喇嘛日吉所有的庄园和牧场，掌管期限为五年。他们的职责是，在学术会议期间必须保障学术会上的所有开支，除了为研修佛经的僧众每日熬茶两次外，还需每人每日发放一定数量的炒青稞作为福利。期限满后，把土地、牧场及相关文件交给接替者。

4. 默朗钦摩

传昭法会是为纪念释迦牟尼功德，于 1409 年由宗喀巴大师创立的法会。藏语称"默朗钦摩"，亦称传大昭、祈愿大法会。传昭法会的独特之处在于已经形成固定场所和定制。五世达赖罗桑嘉措时期对传昭活动进行了较大的调整和改变，时间从初一至十五改为藏历正月初四至二十五日，并规定了传昭期间考取"拉然巴格西"学位。

哲蚌寺举行传昭法会的时候，三百余名僧人聚集在高处的措钦大殿内，念诵经文，为天下众生祈福。在庄严的大殿内，佛香缭绕，头戴黄色峨冠僧帽、身着深紫僧服的铁棒喇嘛手持铁杖，在大殿内巡视。前来朝佛的藏族百姓坐在佛殿两侧，虔诚听取僧人念经。诵经完毕，信徒们起身顺时针绕行大殿，为每一位在场僧人布施。寺院住持和领经师在佛像前为他们献上洁白的哈达，表示感谢。

5. 默朗措曲

默朗措曲意思是会供法会，俗称传小昭。始于 1682 年，是为五世达赖喇嘛举办的年祭，在每年的藏历二月十九日举行。其后一代达赖逝世即延长周年法会一天，一般从二月中旬举行，到西藏和平解放时已增至十天时间。法会有哲蚌寺措钦相俄主持，期间三大寺学经僧人在大昭寺辩经考取"措让巴格西"学位。

此外，甘丹昂曲、萨嘎达瓦、拉保堆庆及夏令安居等也有一些祈祷诵经等佛寺活动。

三、雪顿节中的哲蚌寺

(一) 展佛活动

作为节日的序幕，哲蚌寺展佛是最令人瞩目的仪式。展佛活动是哲蚌寺在雪顿节最壮观的一幕。凌晨三四点，人们就动身到哲蚌寺。喇嘛们很早就把展佛的挂毯搬到山的那边，慢慢把挂毯舒展开来，只等第一缕阳光的到来。早上8点钟，哲蚌寺背后的半山腰上，在第一缕曙光的辉映下，伴着凝重、庄严的法号声，一幅面积500平方米、用五彩丝绸织就的巨大释迦牟尼像徐徐展露容颜……数万名信徒和深受感染的游客无不双手合十，顶礼膜拜。当第一缕阳光与缓缓下垂的挂毯重叠的那一刻，他们认为那是佛祖显灵的表现，此时的祈祷更加虔诚。为了瞻仰这神圣的展佛仪式，许多信徒不畏路途艰辛，不远千里赶来膜拜。

(二) 藏戏表演

藏戏起源于8世纪藏族的宗教艺术，据传藏戏最早由七姊妹演出，剧目内容大多是佛经中的神话故事，如《诺萨法王》《文成公主》等。随着藏戏的发展，17世纪时藏戏从寺院宗教仪式中分离出来，逐渐形成以唱为主，唱、诵、舞、表、白和技等基本程式相结合的生活化的表演，成为早年人民生活中一项重要的文化活动。藏戏唱腔高亢雄浑，基本上是因人定曲，每句唱腔都有人声帮和。其高亢动人的唱腔、抑扬顿挫的独白、神奇瑰丽的脸谱、古朴肃穆的服饰、优美动人的舞姿、历经六百余年的洗练，散发出一种浑然天成、底蕴丰厚的独特魅力。

到 17 世纪下半叶和 18 世纪初，清朝皇帝顺治和康熙分别册封了五世达赖喇嘛阿旺·罗桑嘉措和五世班禅罗桑益西，创立了以后历世达赖和班禅由中央政府册封的制度，并赐金册、金印，自此之后，西藏"政教合一"的制度得到加强，班禅和达赖是藏传佛教最大的教派格鲁派（黄教）两大教主，实行活佛转世制度。据记载，参加雪顿节演出活动的是扎西雪巴、迥巴、降嘎尔、香巴、觉木隆、塔仲、伦珠岗、郎则娃、宾顿巴、若捏嘎、希荣仲孜、贡布卓巴共十

二个藏戏团体。在这个有几百年历史的雪顿节之中，藏戏表演占了很大的比重，某种程度上说，雪顿节相当于一个藏戏节。

藏戏渗入到雪顿节的初期，是宗教活动和文娱活动相结合的开始，最初仅限于在寺庙里表演，以哲蚌寺为活动中心，雪顿节又称之为"哲蚌雪顿节"。当五世达赖从哲蚌寺移居布达拉宫后，每年六月三十日的雪顿节，一般来说先在哲蚌寺内进行藏戏会演，第二天到布达拉宫为达赖演出。18 世纪初罗布林卡建成后，成为达赖夏宫，于是雪顿节的活动又从布达拉宫移至罗布林卡内，并开始允许群众入园观看藏戏。雪顿节从一种佛教活动扩大到民俗活动，西藏民众都参与其中，雪顿节的活动也更加完整，形成了一套固定的节日仪式。

西藏和平解放前，藏戏艺人大都是农奴，除奉差演出外，常年要靠劳动和流浪卖艺为生。和平解放后百万农奴翻身解放，藏戏艺人的地位大大提高了，在新时代也创作了许多具有时代特色的剧目。西藏民主改革前藏戏表演的程式是：到了藏历六月二十九，各地藏剧团一早到布达拉宫向地方政府主管藏戏的"孜洽列空"报到，并进行简单的仪式表演。然后赶到罗布林卡向达赖致意，当晚返回哲蚌寺。第二天（六月三十日）为哲蚌雪顿节，演出一天藏戏。七月一日，由拉萨、日喀贝、穷吉、雅隆、堆龙德庆、尼木等地的五个剧团，六个"扎西雪巴"戏班子，一个牦牛舞班子和一个"卓巴"舞即打鼓舞团在罗布林卡联合演出。七月二日至五日，再由江孜、昂仁、南木林、拉萨等四个地方剧团轮流各演一天广场戏，雪顿节五天中，噶厦政府放假，全体官员要集中到罗布

林卡陪达赖看戏，每天中午噶厦设宴招待全体官员，席间要吃酸奶子。

藏戏表演作为一项文化艺术，自身的特色依然保留着。现在的雪顿节期间，藏戏演出依然是一个重头戏。从雪顿节的第二天开始，在罗布林卡、布达拉宫对面的龙王潭公园内，藏戏队伍每天不停歇地从上午11点直唱到暮色降临。据说，因为时间有限，已经提取了剧目中的精华部分，否则一出戏会唱上几天，表演者自得其乐，观赏者更是乐此不疲。

藏戏的面具具有鲜明的民族特色，且由来已久。它在藏戏形成之前就已出现，这大概与原始宗教的图腾崇拜有关。《西藏王统记》曾记述雪域藏民为歌颂英雄松赞干布的丰功伟绩举行过盛大的藏戏演出，其中这样描写："为使法王散心情，戴上面具舞狮虎，执鼓跳舞众艺人，各献技艺显奇术。"据说，这是关于藏戏面具的最早记载。

哲蚌寺

四、哲蚌寺的建筑特色

(一) 哲蚌寺的布局

哲蚌寺的各个建筑单位大体上可分为院落地平、经堂地平和佛殿地平三个地平高程。这样就形成由大门到佛殿逐步升高的轮廓，使后面的佛殿部分显得巍然高耸。在大殿和主要经堂的外部又采用金顶、相轮、宝幢等加以装饰，使得建筑形体更加丰富多彩。

(二) 哲蚌寺的主要建筑

1. 措钦大殿

规模宏大的措钦大殿位于哲蚌寺中心，占地四千五百多平方米，殿内有木柱 183 根，可容僧人 7000—10000 名，是喇嘛诵经和举行仪式的场所。

殿前门廊是由八根大木柱支撑的，从这个地方逐阶而下有一大广场，也就是著名的辩经场，每天下午都可以看到僧人们激烈的辩经场景。从各扎仓考取出来的格西必在这个辩经场上立宗答辩获胜后才能参加大昭寺每年传昭时考取格西的资格。措钦还设两名"协敖"（执法者），俗称"铁棒大喇嘛"，殿内饰以幢幡宝盖，坐垫坐具，依次排列着堪布（住持）、活佛（意为化身）、格西（善知识，即法师）等人的座次以及翁则（领经师）、协敖（铁棒喇嘛）的序位。

措钦大殿二楼南厅为全寺总管拉基堪布（四晶官）的办公之地，也是各扎仓堪布聚会议事之所。东面是甘珠尔拉康，内藏多部《甘珠尔》藏经（甘珠尔，是显宗和密宗经律部分的总和，共收书 1108 种，分为七类：戒律、般若、华严、宝积、经集、涅槃、密乘，为噶举派的衮噶多吉编订），有云南土司赠送的理塘版大藏经康熙年间的木刻经文和第巴（意为大管家）、洛桑土都用金汁抄录的《甘珠尔》。

殿内的陈设非常丰富。大殿所供奉的主佛是大白伞盖佛母像（藏名"都噶"），佛母也就是诸佛之母。据《大白伞盖经》称此佛母有大威力，放大光明，能以净德覆盖一切，以白净大慈悲遍覆法界。她身白色，三头三眼，头上重重叠叠有多层发髻，显得十分庄重，这种头顶重重的发髻称为佛顶尊；佛母的造型有点像千手观音，有许多的手臂长在身体上，这些手臂形成一个大圆圈，造型完美；她的每只小手臂上都有一只眼睛，手中持有的法器有钩、索、弓、箭、杵……最外面环绕一火焰圈；她主臂左手持金刚杵，右手拿一柄白伞盖，据说能护国安民镇妖伏魔；佛母雕像的脚下是无数的人物、飞禽、走兽……表示她的法力庇护着众生，让万物能够生息繁衍。

殿中还有一尊无量胜佛九岁身量像，像内的宝物十分丰富：有摩竭陀国大升的佛舍利，有宗喀巴大师的头发和全套服饰，颈部装有护贝龙王献给宗喀巴的三联右旋白海螺，胸部装有义成国王的王冠和各色玉石，有用空行母切娃崩的发丝编织而成的金翅乌纱帽，有来自金刚座（佛成等正觉时的座位）的菩提树巨大种子，有格萨尔王的三轮——弓、箭、矛以及弓囊、箭袋，还有用纯金粉写封面的五部梵文经典……汇集着宗教的各个方面，十分全面。

有一尊藏名为"斯希吉教玛"的释迦牟尼像，造价不菲。不仅佛体以500两白银制成，而且其中装藏有金寂佛的舍利子、头发、法衣、法冠……这些物品的价值远远高于造佛像的花费，多年来依然保持着自身的华丽和威严。

后殿正中供奉一尊镏金"弥旺强巴佛"（原为达孜弥旺捐资铸造，故名"弥旺强巴佛"），这尊佛像有两层楼高。后殿左边配殿是三世佛殿（三世佛指的是过去佛、现在佛和未来佛），语称"堆松拉康"，这是哲蚌寺的早期建筑，供奉着过去佛燃灯，现在佛释迦牟尼和未来佛强巴（弥勒），这和内地的宗教是不大一样的。后殿右边配殿内供奉着各种佛经和放经书的架子，据说从下面钻过去能够带来好运。佛殿回廊的出口处有一方同治皇帝的御笔匾额"输成向化"。大殿西侧"龙崩康"全是灵塔；从南面开始第一、二座即"龙崩"神塔（哲蚌寺每年举行的"龙崩节日"，就是为十万龙神超荐升天的祈祷活

动）。此外还有三座银塔。中间一座即二世达赖喇嘛的灵塔，左右两塔为哲蚌寺的祖师塔。

措钦大殿三楼有祖师殿藏经阁和强巴通真佛殿，供奉着强巴（弥勒）佛8岁铜像。这个佛像前还供着一个法螺，传说这个法螺是释迦牟尼的遗物，非常珍贵，是镇寺的法宝。措钦大殿四楼主殿"觉拉康"主供释迦牟尼说法像，两旁还供有13座银塔。侧殿是罗汉堂，供奉的是佛教中的历代祖师和罗汉等神像，并供有哲蚌寺主要大活佛的身像。

2. 哲蚌寺的扎仓

哲蚌寺扩建时一共有七个扎仓，后来逐步合并为四大扎仓，分别为果芒、洛色林、德央和阿巴扎仓。其中洛色林扎仓的规模最大，主经堂由108根圆柱组成，面积1100多平方米，可容纳5000名僧人同时诵经，相当于一个大型礼堂。后殿为强巴拉康，主供强巴佛，强巴佛的造型很像内地佛教中的弥勒佛。果芒扎仓主经堂由102根木柱组成，面积1000多平方米，内设吉巴拉康、敏主拉康及卓玛拉康，并列于大经堂最后面。德央扎仓主经堂由56根圆木柱组成，面积500多平方米，主佛为维色强巴佛，意为破除一切穷困的强巴佛，是僧俗信众对未来美好幸福的向往和寄托，也叫做未来佛。阿巴扎仓密宗殿，由48根圆木柱组成，面积达480平方米，殿中供奉的"吉几"佛，即九头三十四臂的胜魔怖畏金刚像，是黄教密宗三大本尊之一，是文殊菩萨的化身。

四大扎仓（果芒、洛色林、德央、阿巴）中，除了阿巴扎仓专门修习密宗教法以外，其余均学显宗。洛色林和果芒扎仓都是专学显宗的五部大论，但学经"见地"又各有侧重，带有自己的独特传统和思想。洛色林扎仓侧重于中观自续派，果芒扎创则侧重于中观应成派，而德央扎仓显密均学，但侧重于文艺，如藏戏、跳神……显，是用明显的教义来说明修证的途径，并通过这个途径来达到成佛的目的，这是一般人都能接受的学佛或修佛的方法。据宗教史书记载：显宗又叫显教，也有叫显乘或显修派的。

阿巴扎仓密宗殿，这里供奉的主要佛像是九口、三十四臂、十六足的胜魔怖畏金刚。它的左侧是怖畏金刚的侍从塑像；它的右侧是一尊由宗喀巴本人塑造的宗喀巴像；上方是依照宗喀巴的学说、用红白檀木制作的立体坛城。此外，这里还供奉有大黑天和愤怒罗刹等塑像。据说在塑造愤怒罗刹像的面部时，每一撮泥上宗喀巴和许多神变比丘都要念十万遍"雅玛热扎"咒，塑造其他部位时每撮泥土也要念咒万遍。人们还传说当愤怒罗刹的下身塑完后，它的上身就自然形成了。

阿巴扎仓为密宗学院，密宗又叫密教，也叫密乘或密修派。密，是说修习一种不能对外人说的密法来达到成佛的目的，就是心领神会。这里所说的外人，据说是指那些"非法器"的人，也就是那些没有达到修行这个密法的程度的那些人。据说释迦牟尼对因扎菩提王子说，如果以密宗的途径去修佛，人有即生成佛的可能。佛教徒认为即便是可能，也要比显宗的修行更有可能实现，因而学佛的人都要学密宗了。

阿巴扎仓由 48 根圆木柱组成，面积达 480 平方米，哲蚌寺密宗殿的三宝所依均是照宗喀巴之令建造的。殿中供奉的"吉几"佛，即九头三十四臂的胜魔怖畏金刚像，是黄教密宗三大本尊之一，是文殊菩萨的化身，传说是宗喀巴亲手塑建的。按佛经记载，它是释迦牟尼在须弥山的再现。传说当时南方出现了极其凶暴的阎王，因而佛便显现出凶恶的怖畏金刚的形象去镇压阎王。它有九个头，代表九类佛法；九个头上每个头又有三眼，这是代表洞察三时的慧眼，意思是一切尽收眼底；头发上指，意思是向着佛地。这尊佛像有三十四臂，表示菩萨成佛除了身、口、意念外，还有 34 条修持法；左右三十四只手各持物件，都有自己特殊的意义。佛像的十六条腿，镇压阎王十六面铁城，代表十六种空性；脚下十六种动物，代表十六种超凡功能；脚踏八大天王，表示超出了世俗法则。它身佩五十颗人头，象征梵文34 个子音和 16 个母音，遍体披人骨珠串，象征

一切善的功德都全了；佩带人骨骷髅，一方面象征世事无常，另一方面象征战胜恶魔和死亡。它怀中还拥有明妃"若朗玛"，蓝身头佩五头骨三睛头发下垂，表示女人服从之意。怖畏金刚和若朗玛皆为裸体，表示远离尘埃世界；男女拥抱，是阴阳有合、乐空二法合一的意思。怖畏金刚座下的莲花，代表已出轮回，

哲蚌寺

有莲花"出淤泥而不染"的意境；莲花上的红日，象征心有如太阳当空，遍知一切；背景有火焰，象征智慧和能量像火一般旺盛，能烧掉一切烦恼和愚妄。

阿巴扎仓还供奉着密宗大师惹译师（多杰扎巴）的遗骨。怖畏金刚右侧的宗喀巴像，据说也是宗喀巴亲自塑制的，其塑像的鼻梁端直挺拔，与其他寺院供奉的宗喀巴像有明显不同。

3. 甘丹颇章

颇章，是格鲁派建立甘丹颇章地方政权的策源地。哲蚌寺西南角的甘丹颇章建于1530年左右，甘丹颇章是达赖喇嘛在哲蚌寺的寝宫，由二世达赖根敦嘉措主持修建。原为二、三、四、五世达赖住地，在重建布达拉宫以前五世达赖喇嘛一直住在这里。清朝皇帝册封五世达赖，使得达赖喇嘛有了政教合一的权利。五世达赖受清朝册封后，由甘丹颇章移住到布达拉宫，甘丹颇章曾作为格鲁派政教合一的地方政权代称。于是甘丹颇章也就成了西藏地方政府的同义语，史学界称其为"甘丹颇章政权"。

据《西藏遗闻》中理藩院的统计，当时西藏的格鲁派寺院已达3477座，僧尼316230人，寺庙所属的农奴128190户。颇章的主管，由达赖喇嘛在该寺拉基会议成员中任命一名第巴负责管理该宫殿，同时担任哲蚌寺与地方政府的联络官。

甘丹颇在哲蚌寺第十任堪布——二世达赖喇嘛郭嘉措于公元1530年时兴建，宫室总共有七层，分为前、中、后三幢建筑。前院作为地下室的各类仓库，放一些杂物等。二层的院落面积有四百多平方米，四面都是僧舍游廊。四、五楼中有部分僧舍，但经堂佛殿较多。六楼设有佛堂，但主要是达赖喇嘛属员办公之地。达赖喇嘛的生活起居主要是在七楼，七楼为达赖喇嘛生活起居之所，有达赖喇嘛的经堂、卧室、讲经说法堂、客厅，这个起居室还有两个殿，卓玛殿和护法神殿。后宫"贡嘎热"庭院内设经堂，该寺的文物都在此陈列，原系地方政府办公之地。

中国藏传佛教建筑

每逢该寺的雪顿节时，都要在此演戏跳神。跳神（即跳法王舞）是一种配乐舞蹈形式的佛事活动。1718 年，塔尔寺第二十任法台嘉堪布时，七世达赖授意："须建立一个跳神院，由舞蹈师教习舞蹈音乐，并建立跳神制度。"1718 年，建立塔尔寺的跳神院，翌年春节，七世达赖喇嘛照例宴请塔尔寺法台、经师则敦夏茸、青海和硕特蒙古察汗丹津亲王、郡王额尔德尼额尔克等蒙藏僧俗首领，在塔尔寺举行规模宏大的正月祈愿法会，会上首次在跳神院表演法舞。

（三）哲蚌寺的主要色调：白红黑

在蓝天白云之下，看雪白的哲蚌寺，这些纯净的颜色不同于霓虹灯下街道的炫目华丽，它的缤纷色彩都笼罩着一种虔诚的宗教气氛和神秘的韵味。

其中颜色最丰富的就是经幡了。经幡有几种，一种是只有一块幡布，单一的白色或红色，上面印着佛陀的教言，用旗杆挑起来挂在庭院之中，这种经幡一般做得很精致。另一种是将多块幡布用绳子连在一起的经幡，这些幡上或印着佛陀的教言，或印着鸟兽图腾，幡有蓝、白、红、绿、黄五种颜色，可以将自己的祝福写在经幡上。人们将很多条这样的经幡拴在山坡的树上或用其他办法固定在山顶上，在一些海拔很高的山上可以看到层层叠叠的经幡在随风飘舞，形成成片的经幡群，远远就可以看得到。此外还有一种，有一块印有佛陀教言或鸟兽图腾的主幡，加上一些无字无图的五色幡，将其连在一起，形成一个完整的经幡。经幡的五种颜色在藏传佛教之中有独特的含义，和金木水火土有一定的联系，据说，蓝色象征蓝天，白色象征白云，红色象征火焰，绿色象征绿水，黄色象征土地。人们将自己的寄托和自然界的物质紧密联系在一起，在雪域高原，用自己的信念生存着、创造着，为这片美丽的土地又增添了一份色彩。

在哲蚌寺里，最常看到的三种颜色就是白色、红色和黑色。

1. 白色

在西藏，白色是最常见的颜色，人们喜爱且崇拜白色。藏族认为白色象征纯洁、吉利，所以

哈达一般是白色的。白色在藏族人的生活之中也是最常见的颜色。藏传佛教大多数的寺庙都是白色的墙壁，哲蚌寺是很典型的一个。在西藏白色是正义、善良、高尚、纯洁、吉祥、喜庆的象征。只要是白色的东西，就可以成为人们崇拜和喜爱的理由，而那些生活在人们想象中的帮助人们的神仙，也与白色紧紧联系在一起。

为什么白色在藏族人民心目中的地位那么崇高呢，这与西藏特殊的地理环境密不可分。在西藏漫长的冬季里，大雪覆盖了整个高原地区。即使在夏季，也能够看到高原的雪山，比如高原南部的喜玛拉雅山和北部的冈底斯山在夏天也仍然积着皑皑白雪。白色的雪，和藏族人民的生活息息相关。虽然俗话说瑞雪兆丰年，冬季里下的白雪，可以为第二年带来丰收。不过对于青藏高原的居民来说，这种能带来丰收的雪既不能太小又不能太大，太小了会干旱，第二年不会有好收成，太大了就会带来雪灾，不仅不能丰收，还会对生命构成威胁。白色的雪，既纯洁又令人敬畏，令人觉得白色拥有强大的力量，于是藏族人民对白色充满了敬仰。

在青藏高原相对恶劣的自然环境中，世世代代的高原人在这里用自己艰辛的劳动和坚韧的品质顽强生存。种的粮食主要是青稞，养的牲畜主要是牛羊。用青稞磨出的糌粑是白色的，青稞酒是白色的，穿的衣服离不开白色的羊毛，吃的是白色的酥油，喝的奶也是白色……总之，是白色哺育和维系着人们的生命，藏族人民的生活中充满了白色。白色赐予人们的都是生命中无比重要的东西，藏族人民离不开白色，所以白色成为人们崇拜的颜色。

人们已经把白色融合到日常生活中，融合在世俗的现实世界里。比如藏装多配以白色衬衫，搭的帐篷以白色居多，住的房屋门上差不多都有白色的吉祥图案；在迎来送往之时，人们互敬白色的哈达，表达自己良好的祝愿；姑娘出嫁时，骑白色的马表示吉祥如意；饮酒欢乐时，酒壶把上也会挂点白色羊毛；甚至家人去世之时，也用白色糌粑勾画出引导逝者通向极乐世界的路线……

关于这神圣的白色，有许多的传说。白色的珠穆朗玛峰被人们称作是一袭白衣的"祥寿神女"，白色的冈底斯山是人们心中的"神山""圣山"，就是不起眼的白色石头也被人们认为是"灵石"，山山水水都被藏族人赋予了丰富多彩的含义。作为全民信教的民族，藏传佛教成为藏族人民生活的重要组成部分，白色更是其离不开的颜色，白色的经幡、白色的佛塔随处可见。深受人们崇拜和喜爱的观音菩萨也被人们以白衣打扮。与之相应，黑色则成为邪恶和灾难的象征，人们想象中的恶魔无一不是黑色的。例如藏戏中黑色面具的角色都是代表邪恶的。

五大教派之一的噶举派，是最崇尚白色的教派，被人们习惯上称作"白教"。藏语"噶举"翻译过来就是"口授传承"的意思。公元11、12世纪佛教后弘时期噶举派逐渐发展起来，属于新译密咒派。先后有两位创始人：一是穷布朗觉巴（990—1140年），一是玛巴罗咱瓦（玛巴译师）（1012-1197年）。他们两人曾多次到过尼婆罗和印度等地，拜访了很多名师，学习了不少的密法，主要是得到《四大语旨教授》。《语旨》指的是佛语的意旨，由祖师口耳相传，叫做语传，藏名叫噶举。这一派的密法修行，是通过师徒口耳相传继承下来，故称"噶举派"，又因为噶举派僧人穿白色僧衣，所以俗称"白教"。后来香巴在后藏发展成为一个传承系统，称为香巴噶举，玛巴在前藏发展也形成一个传承系统，称为达布噶举。虽然门户不同，但由于他们两人的大法均出自一个来源，又都亲领语旨传授，所以都称噶举巴。

噶举派传承复杂，流派众多，但均源于玛尔巴和米拉日巴，藏传佛教的活佛转世系统便始于该派的噶玛噶举，此派在西藏历史上影响巨大，现在仍在藏传佛教中占一席之地。

2. 红色

哲蚌寺是一片白色的寺庙群，不过它的屋顶都由红色进行装饰，据说这种红色的装饰物不是涂料，而是一种特殊的植物。

红色是西藏人热情奔放的象征。有一个名词叫做"高原红"，主要是指高原女子由于高原日照而在脸上形成的红晕。

在信奉藏传佛教的人眼中，最常见的红色除了寺庙屋顶的装饰以外就是僧侣

们穿着的红色袈裟。白色的哲蚌寺中，随处可见穿着红袍的僧人和喇嘛，庄重威严。传统的藏族绘画用色口诀理论中称："红与橘红色之王，永恒不变显威严……"红色具有的王者地位被明确地确定下来了。

藏传佛教中出家人的袈裟使用红颜色，源于两千五百多年前的佛教发祥地古印度。信徒们把红颜色（也有红黄两色之说）作为所有颜色中价值最低廉和最不起眼的色彩用为出家人的着装色，以此表示他们的超脱、不求外表的华丽但求精神境界的崇高愿望。于是使用这种俗家人认为最不得体的色彩装束，认为这样可以起到不受外界俗事干扰、专心事佛的作用。

随着时间的发展、历史的变迁、地域的不同及人们视觉习惯的改变，逐渐把红颜色推到了最高尚的地位，红色就成为高僧、出家人和寺庙专有独享的颜色，并逐渐成为体现藏民族风格的典型色彩之一。柽柳枝所提炼出的那种红颜色还经常出现在玛尼石等与宗教有关的场所与器具上。

藏族人民在日常生活之中，也常常运用红色来装点生活。牧区妇女更是对红颜色情有独钟，具体表现为，在脸上涂两块有点嬉戏色彩的正圆大红色来美饰自己，引人注目。她们头上鲜红色的头巾和红色衬衣在广阔草原和农田中成为"万绿丛中一点红"的独特风景，给人以独特绝美的视觉享受。

在西藏传统绘画专用红颜色"朱砂"，是一种色相艳而不躁的优质矿物质颜料，非常适于表现藏传佛教题材的唐卡、壁画作品。西藏佛教后弘时期的绘画作品更是以朱砂红作为基调，从而成为该时期的特有画风之一。传统制作红色袈裟和氆氇的是一种叫藏茜草的木质藤本植物，人们使用其红色汁液染制布料，也有购买印度等地出产的现成颜料来制作袈裟的习惯。就藏传佛教绘画中的方位而言，坛城画中的西方就是用红色来表现的。佛教文化中红颜色又是权势的象征，藏戏中带深红色面具的角色代表着国王，浅红色面具代表臣相。

藏传佛教的一些派别对红色更是情有独钟。

宁玛派："宁玛"在藏语中是古老或旧的意思，说明宁玛派是古派系或者旧的宗派。宁玛派的僧众都习惯戴红色的帽子，故称"红教"。红教的寺庙众多，但是僧众人数较少，势力不大。寺庙主要集中在西藏、四川等地，甘肃的夏河也有红教的寺庙。僧人有的留长发，他们的红帽有时会用红色的线绳代替，穿着比较随意，要修行的是无上瑜伽。红教在招收僧人方面，没有黄教严格，僧众有半途修行的，也有修行告一段落，回家结婚生子，再来修行的。

萨迦派：萨迦，藏语意为"白土"，建筑在后藏仲曲河谷白色土地上的寺院称为萨迦寺。因寺院围墙涂有象征文殊、观音和金刚手的红、白、黑三色花纹，所以萨迦派又被俗称为"花教"。萨迦派的教主由款氏家族世代相传。有血统、法流两支传承。萨迦派不禁娶妻，但规定生子后不再接近女人。萨迦派僧人戴红色、莲花状僧冠，穿着红色袈裟。在佛教哲学上，萨迦派特别推重"道果"教授，在教义中最重要的是"道果法"。

3. 黑色

哲蚌寺建筑的窗户周围都有一圈黑色作为装饰，据说主要代表西藏的传统宗教苯教。

藏民族对黑色的偏爱，也是源自于为古老的原始宗教基础上发展形成的苯教信仰。苯教是西藏最古老的原始巫教，据说起源于象雄（今西藏自治区阿里及其以西地带），祖师为兴饶美沃切。相信万物有灵，把宇宙分为神（赞）、人（宁）、魔（勒）三层境界。苯教俗称"黑教"，因苯教徒喜蓄长发、身着黑衣得名。从其教义法则探测，这种尚黑的习俗渊源十分久远，在苯教创世学说中的黑白二元论观念及所象征的深奥哲理中都有体现。其后藏传佛教密宗在藏地盛行，吸收了大量本土原始宗教、苯教的教义内容，与之相适应的各种藏传佛教艺术形式便应运而生。黑色本身具有暴烈、威严、黑暗、神秘等视觉审美特质和色彩象征内涵。

（四）寺庙的装饰

1. 金顶

金顶是哲蚌寺主要殿堂的标志，它采取梁架式结构，檐四周饰有斗拱，内部立柱支承长额，其上构成梁

架，用横梁柱托檩，构成金顶的坡度。哲蚌寺在建筑外部又采用金顶、法轮、宝幢、八宝等佛教题材加以装饰，增强了佛教的庄严气氛，使建筑整体上显得更加宏伟壮观。

2. 房屋

藏族民居的门窗多为长方形，很少有特别大的窗户，窗上设小窗户为可开启部分，这种方法能适应藏族地区高寒的气候特点，并且在大风的季节可以防风沙。藏族人民有以黑色为尊贵的习俗，所以门窗靠外墙处都涂成梯形的黑框，突出墙面。考究的住宅和寺院常在土上掺加黑烟、清油和酥油等磨光，使门窗框增加光泽。门窗上端檐口，有多层小椽逐层挑出，承托小檐口，上为石板或阿嘎土面层，有防水及保护墙面、遮阳的作用，也有很好的装饰效果，在西藏的城市住宅和寺院大门经常成为装饰重点，门框刻有细致的三角形几何图案或卷草、彩画等。

梁柱是藏式建筑中室内装饰的重要部位。柱为木柱，一般无柱础，呈正方形、圆形、八角形以及"亚"字形。寺院和居民中经堂的柱头、柱身常装饰着各种花饰雕镂或彩画，主要图案有覆莲、仰莲、卷草、云纹、火焰及宝轮等等，富有浓厚的宗教色彩。梁上常施彩画，梁头、雀替则多用高肉木雕或镂空木雕花饰，涂重彩、色彩艳丽、浑厚，与室内木柱等连成整体，有一定的艺术效果。

3. 壁画

凡壁画工笔重彩，描绘精致，极富有装饰效果的"热贡艺术"风格和浓厚的印、藏风格。塔尔寺壁画的色彩丰富、明亮、对比强烈而又协调，冷、暖色交替使用，层次分明。以冷、暖色来表现人物的性格是壁画的特点之一，安详和善者用暖色调，性格凶猛的用冷色调，这样可使画面动静相宜，生动而又平稳。塔尔寺始建于明万历年间，至今有四百多年的历史了。这些精美的壁画，便是当时传下来的作品，以后每隔一定的时间便刷新添色，现在人们看到的壁画，犹如刚刚画的一样，清晰醒目、色彩鲜艳。塔尔寺院内大多数壁画是宗教画，画面的主题充满着宗教意识，反映着宿命论的观点。描写的多是佛教经典故事和寓言故事。从人物表情里，也可以看出其善恶、凶暴、欢乐、忧愁、愤

中国藏传佛教建筑

怒、怜惜的性格特征。再加上那些山水、花草、禽兽等多种形色的壁画，便烘托出一幅奇妙的"仙境"。例如大经堂正面和南侧墙上，便是巨大连幅的佛教神话和寓言故事。一幅描写面恶心善的武神用法宝（像琵琶之类的东西）、枪剑与恶魔搏斗，无情地惩罚着"恶人"。那"恶人"在画家笔下，个个五官歪斜、面目狰狞、贪婪残暴，一看便使人厌恶、憎恨。另一幅是描述一个"凡人"徘徊于十字路口：一条路贪财好色，图一时富贵荣华享受的下了"地狱"，被魔鬼生吞活剥，割头抽肠;另一条是虔诚修行，脱胎成佛，获得"正果"的道路，其中两者必选一，那"凡人"毅然走了后一条道路。这幅壁画故事的寓意，无疑是教人要弃恶从善，弘扬佛法。

这些壁画构思巧妙，色调和谐，层次分明，千姿百态，栩栩如生。有的笔锋细得像针尖，在手指般大的布上，绘着一个完整的佛像，服装虽然繁杂，但却十分鲜明。即是雕刻在深绿色琉璃砖墙上的一束束花草，那红、黄、蓝、绿色，多像寺院附近野生的马蓝草、馒头花那样富有生机。

哲蚌寺作为一个历史悠久、地位崇高的寺庙，收藏有数以万计的文物古籍。各殿所供不同时期的许多塑像均神态生动、结构严谨，代表了西藏雕塑工艺的极高水平，各殿的壁画色彩艳丽，线条有力。此外寺内还珍藏有佛教经典《甘珠尔》和佛经注疏《甘珠尔》各一百多部，以及宗喀巴三师徒著述的几百部佛教经典手抄本。这些都是藏族人民勤劳智慧的结晶，对于研究西藏的历史、宗教、艺术，具有十分重要的价值。

哲蚌寺

拉卜楞寺

　　拉卜楞寺，位于甘肃省甘南藏族自治州夏河县城西大夏河的北岸，为藏传佛教格鲁派（黄教）六大寺院之一，也是藏族人民心目中的吉祥圣地。1709年，第一世嘉木样活佛受青海蒙古和硕特部首领察汗丹津之请，返回故里在此风光宜人之地建寺，经280多年的修建、扩充，已发展成为一个具有六大扎仓（学院）、四十八座佛殿和囊欠（活佛住所）、五百多座僧院的庞大建筑群，在安多地区有"卫藏第二"的美誉。

一、拉卜楞寺概说

为了更好地介绍拉卜楞寺，我们得先从藏区的文化背景谈起。

（一）藏族区文化背景

藏族区就是说藏话和有藏族文化的民族聚居区，范围在东经 73 度至 104 度，北纬 27 度至 38 度之间。整个中国的藏族区，包括三个文化区：

1. 西藏，又分三部分：

阿里，在最西部；

后藏，在中部，首府为日则，即班禅所在地；

前藏，在东部，首府为拉萨，为西藏地方政府所在地，也是达赖居住的地方。

2. 西康，在西藏东；

3. 安多，在西康东北，包括：

青海的藏族区；

甘肃西南部藏族区；

四川西北部藏族区。

只有西藏藏族聚居区是政治实体，直属中央，是出现在地图上的。而西康或直属四川，或在四川以外。安多则分属于青海、甘肃、四川三省，划分为不同的州或县。将西藏、西康、安多称作藏族区，因为它们是有藏族文化、说藏语的民族聚居区。新教的创始人宗喀巴与后来的十四世达赖，十世班禅都是安多人，也就是青海人。

居住在这三个区的居民，一般称为藏族，佛教传以前，本教是藏族的原始信仰，但现在已经看不到了。当时，藏族佛教徒把他们自己的信仰叫做"宗教"，把本教叫做"黑教"。7 世纪中叶，当时的藏王松赞干布迎娶尼泊尔尺尊

中国藏传佛教建筑

公主和唐朝文成公主时，两位公主分别带去了释迦牟尼8岁等身像和释迦牟尼12岁等身像，以及大量佛经。松赞干布在两位公主影响下皈依佛教，建大昭寺和小昭寺。到8世纪中叶，佛教又直接从印度传入西藏地区。当时，三个重要的早期派别分别是：宁玛派（红教）、萨迦派（花教）、噶举派（白教）。10世纪后半期藏传佛教正式形成。到15世纪初格鲁派形成，藏传佛教的派别分支才最终定型，主要有宁玛派、噶当派、萨迦派、噶举派等前期四大派和后期的格鲁派等。格鲁派兴起后，噶当派则并入格鲁派而不单独存在。随着佛教在西藏的发展，上层喇嘛逐步掌握了地方政权，最后形成了独特的政教合一的藏传佛教。

格鲁派，藏语格鲁意即善律，即该派强调严守戒律，故名格鲁派。该派僧人戴黄色僧帽，故又称黄教。创教人宗喀巴，原为噶当派僧人，故该派又被称为新噶当派。至清代，该派的达赖与班禅两转世系统均由清廷扶持确认。格鲁派成为西藏地方政权的执政教派，西藏政教合一的统治形式自此进一步发展。

藏传佛教，俗称喇嘛教，是佛教三大系统（南传上部座佛教、汉传佛教、藏传佛教）之一，自称"佛教"或"内道"，清代以来汉文文献中又称之为"喇嘛教"。喇嘛教与内地佛教均来源于印度，但内地佛教已无密宗，所以一般汉人不知喇嘛就是和尚，而拉卜楞的老百姓也不知汉人多信佛教。沟通汉藏文化，必须研究喇嘛教。藏族宗教与内地教育颇类似，他们出家，与内地出外读书差不多，由识字到深造，既可分，又不可分。信仰宗教的人们，是出力维持寺院的人们，也是被寺院统治的人们。寺院既是求学的地方，受人崇拜的地方，也是为群众进行娱乐的地方。而藏传佛教（包括密宗和显宗）基本保存了印度佛教的基本形态。藏传佛教的理论可以这样概括：藏传佛教认为人想成佛是没有其他简单途径的，唯一正确的方法就是按照释迦牟尼佛的方法去做，也就是藏传佛教提倡的"身口意"的修炼方法。所谓"身口意"的修炼方法，是指如果你在身体上、言语上和思想上都能做到和释迦牟尼佛一样了，那么你就一定能够成佛。这就

是藏传佛教思想的核心。

藏传佛教中的密宗和显宗一致坚持"身口意"的修行方式。显宗重理解，要系统学习佛学原理；密宗重修持，学僧接受专门教育。二者有一个主要的差别，就是如何达到"身口意"与佛相同的途径上。显宗认为只要按照那些公诸于世的佛经去做就可以了，所以它主张公开宣道弘法，显宗被称为显宗也是因为他们的这个观点。而密宗认为要想达到"身口意"，除了公开的佛法以外，还有一套秘密的方法，没有人传授密法修行很难达到"身口意"，所以密宗强调传承、真言、密咒和灌顶。

（二）格鲁派寺院——拉卜楞寺

清代康熙四十八年（1709 年），第一世嘉木样受青海蒙古和硕特部前首旗贝勒察汗丹津之请，返回故里在此风光宜人之地建寺，历经 280 多年的修建、扩充，发展成为一个具有六大札仓（学院）、四十八座佛殿和囊欠（活佛住所）、五百多座僧院的庞大建筑群，最盛时寺内僧侣达 4000 人。

1709 年 6 月 13 日，第一世嘉木样大师在蒙古骑兵的护佑下，率领俄旺扎西等十八弟子安然返回故里。回乡后的大师和众弟子暂驻蒙古河南亲王府，并开始勘察拉卜楞寺的寺址。他们先后到过阿木去平、来周滩、朗格尔滩等地，但都不是吉祥之地。因此他们继续前行，到了洒素淋地方，看到一座奇特的小山，断定它是吉祥的兆头。于是，他们预测了方向，开山掘石，果然挖到一个洁白的右旋海螺。大师师徒兴奋不已。第二天，也就是 1710 年 4 月 22 日那天，大师和众弟子又来到山脚下，看到一位藏族牧女在花草簇拥、流水潺潺的河边，背着水桶前行。于是，他们便上前询问该处的地名。牧女回答道："这河水右旋如海螺，人称'扎西奇'。"一世嘉木样大师站在扎西奇滩头，但见大夏河自西向东蜿蜒而流，形如右旋海螺，可谓山清水秀，风光宜人，正是佛经中所讲的吉祥右旋福地，于是当即决定在此建寺。这年七月，在河南亲王的鼎力捐助下，拉卜楞寺破土动工。

由于 1709 年藏历土牛年，是一世嘉木样大师确立经堂教育制度的一年，所以人们习惯上也把 1709 年视为拉卜楞寺的创始年代。两年后，拥有八十根柱子的大经堂首先竣工。一世嘉木样规定，经堂制度按哲蚌寺执行，辩经制度按郭莽学院执行，为后来拉卜楞寺的教育制度奠定了基础。一世嘉木样时建成了闻思学院和续部下学院。为了表彰大师的弘法功德，1720 年，清朝康熙皇帝册封嘉木样大师为"扶法禅师"，颁赐金印，并特许穿黄马褂。

考察拉卜楞寺，可以有不同的角度。

作为宗教圣地，以及寺院以内的任何东西，都可以被认为是崇拜的对象。佛教的三宝，就是寺院里的佛、法、僧。关于佛，寺内除有六学院的佛像以外，还有活佛像。全寺大约有五百名活佛，其中包括十八位较大的活佛。寺院中的僧侣分类有的可列为佛，有的可列为僧。至于法，则有用金汁书写的代表佛语的《甘珠尔》和代表注解佛语的《丹珠尔》等一万部以上的佛经保存在寺院图书馆中，一千部以上的佛经保存在不同的学院，几百部的佛经保存在每一位活佛的公馆或散存在每个学者的手中。木刻版存在印经院，无数的印片藏在寺院周围的玛尼法轮中，以便信徒边走边转。全寺有三千六百名喇嘛，公众聚会季节，还会远远超过这个数字。

拉卜楞寺除了被作为崇拜对象外，还是教育机关。藏族文化大部分是靠寺院来传播的，诸如学制、学习年限、升级留级、学位、考试、以至于学院的分类、教师的级别等等，都与内地佛教寺院不同，与现代学校尤其是大学很类似。

作为居住区，寺院基本上是为上下他洼所供养的，两个他洼的人都是建寺以后才来的，是为寺院服务的。最初的居民，上他洼是十三家，下他洼是六家。

作为拉卜楞寺的创始人嘉样协巴（1648—1721 年），即嘉木样一世，于 1648 年正月初八出生于夏河甘家滩。他七岁学经，十三岁出家为僧，二十一岁入拉萨郭莽学院深造，取得噶举巴学位。关于他的传说有许多，说他是权威神的转世，还有的说他是慈悲神的化身。他曾数念珠数了一百万遍，即念诵权威神的咒语百万遍。他用银水抄写整部《甘珠尔》，所以被认为为后代积福很多。他的父亲名巴须卡大巴布加，是三兄弟中最小的

一个。可是他自己则在弟兄中居长，他的二弟和四弟都是出家人，三弟则在本地是最富有的人。

他的母亲是卡揭地方的人，名叫卡谋吉，传说在怀孕期间，做了很多吉祥梦。他在正月初八出生的时候，母亲在雨中听见龙啸声。占卜者说他有特殊的命运，但却要保密。

当他两三岁时，常在各处见到淡绿光环，也常看见锥形和佛像。据说，见到前者，是因为他在前生常念时轮咒语；见到后者，则因他是秘密佛咒语的专家。当玩耍的时候，他常是修庙宇上供、静坐，并为其他儿童讲道或跪下拜佛。到七岁那年，他就熟悉字母的不同写法，他也熟习占卦，并用巫术治病，他曾给他父亲治愈了其他人无法治疗的病。到了十三岁，他当了初步和尚，被伊西佳错认作徒弟，给他起名罗桑佳粲。后来，他成了土眉拉遵的徒弟。这个土眉拉遵师傅，以背诵六字真言一千万遍著名，并因真言的功效，于年老时重生出一列牙齿。因为此事，土眉拉遵被人普遍崇拜。他被徒弟嘉样协巴的天分所感染，因而建议徒弟的父亲送儿子到西藏进一步学习。

1668年，也就是他二十一岁时到达拉萨，给释迦牟尼像和文殊菩萨像献了哈达。文殊向他报以笑脸，这就是他的名字嘉样协巴的由来，即"曼殊勾沙的笑脸"。当他在哲蚌寺的拉姆瑞姆拉康殿内向一世达赖像叩头时，据说达赖伸出手摸了他的头。当他拜二世达赖所建造的宗喀巴像时，宗喀巴像竟告诉他说："你到五十岁以后，再来这里一次。"那时他不知道这话是什么意思，但后来他任哲蚌寺多门学院的法台时，他才明白这是预言。

1674年，他被五世达赖授以全僧戒仪式，那时他二十七岁。

在拉萨40余年，他深通经典，精扬戒律，政教功绩卓著，有"宗喀巴后第一人"之称。五十三岁时任哲蚌寺郭莽札仓堪布，后返回故里建拉卜楞寺。他居拉卜楞寺十三年，弘法宣教，为寺院组织建设和讲修工作倾注了全部心血。1710年，他创建了该寺"显宗闻思学院"；次年建大经堂及后殿、净厨；1716年建"密宗神学下院"，为寺院发展开创了良好局面。生平著作有15函，尤以五部大论的注释名扬藏区，被蒙藏地区的许多寺院奉为教本。

中国藏传佛教建筑

1721年二月初五，一世嘉木样大师圆寂，时年七十四岁。他的肉身保存在拉卜楞寺经堂的金塔中。时至今日，他的忌日依然举行典礼。由他开创的拉卜楞弘法制度，经历世嘉木样活佛传承和落实，得到了长足发展。

二世嘉木样出生在青海省同仁县的尖扎土司家族，是当地四大家族之一。相传他出生前，父母双亲好梦不断，常梦见日月同辉，怀抱金佛。特别是他母亲南木吉在前往塔尔寺朝拜前，竟然梦到腹中的胎儿说："母亲不必去塔尔寺，儿为宗喀巴法传统人，日后您将顺心如意。"嘉木样二世出生那一天，普通百姓也前来报吉祥，说大师家的府邸被宝幢笼罩，光华四射，雄伟壮观。二世大师长大后，有一次见到王府福晋，福晋问他说："我是谁?"大师竟然对她说："我见过您，我年纪比您大。"俨然是一世大师在和福晋谈话。所以，在福晋等人主持下，久美昂吾被确定为一世嘉木样大师的转世灵童，那时他十六岁。

二世嘉木样大师对拉卜楞寺的发展作出了巨大的贡献。他创建了时轮学院，并且使拉卜楞的势力进一步发展，所属寺院和部落迅速增加，政教合一制度进一步强化。所谓"拉卜楞寺属下一百零八寺"，就是在这一时期建立的。拉卜楞寺的学经制度也日趋完善，确立了以教授显密二宗为主，医药、历算、词章、音韵、书法、生明、雕版、印刷、绘画、歌舞等为辅的学习体系。二世对拉卜楞寺的发展颇有建树，且博学多识，生平著作12函，主要有《第一世嘉木样传》《章嘉若必多杰传》《班禅伯丹益西传》《卓尼板丹珠尔目录》等。六十四岁圆寂。

第三世嘉木样（1792—1855），青海同仁县人，1798年被迎入拉卜楞寺，十八岁入藏学经，二十六岁任拉卜楞寺法台，五十五岁任塔尔寺法台。1849年清政府封其为"扶法禅师"，三世性好幽静，注重修持、衣食淡然。著作有《散论总集》等。第三世嘉木样时建成医药学院。第四世嘉木样时开始修建喜金刚学院，他四处传法，足迹遍布前藏、后藏和卫藏，声望日高。他曾进京朝觐光绪皇帝，经内蒙古地区时，广传佛法，每天前来顶礼的僧俗达万人之多。

目前的第六世嘉木样为洛桑久美·图丹却吉尼玛，1948年生于青海省岗察，1952年坐床，1989年组织重新修建了大经堂。

二、拉卜楞寺的公开聚会

所谓的“公开聚会”，是指在寺院举行的对群众公开的神圣舞蹈和其他的宗教活动。从寺院的观点看，它们都是一种宗教仪式，而实际上也是以仪式和艺术的动作进行群众教育的手段；但从群众观点看，则是宗教、艺术、社会和经济利益的综合，通过聚会都能得到满足。

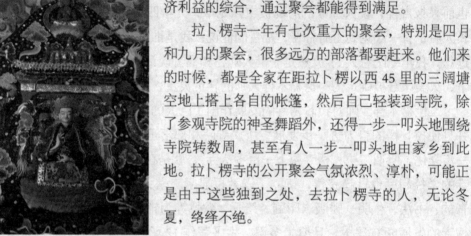

拉卜楞寺一年有七次重大的聚会，特别是四月和九月的聚会，很多远方的部落都要赶来。他们来的时候，都是全家在距拉卜楞以西 45 里的三阔塘空地上搭上各自的帐篷，然后自己轻装到寺院，除了参观寺院的神圣舞蹈外，还得一步一叩头地围绕寺院转数周，甚至有人一步一叩头地由家乡到此地。拉卜楞寺的公开聚会气氛浓烈、淳朴，可能正是由于这些独到之处，去拉卜楞寺的人，无论冬夏，络绎不绝。

（一）正月祈祷

它源于宗喀巴大师于 1409 年在拉萨举办的祈愿法会，藏语称为“毛兰姆”。自正月初三日晚起，到正月十七日止，历时十五天。在此期间将举行一系列的法事活动，其高潮集中在正月十三、十四、十五、十六这四天。其间拉卜楞寺的全体僧人，每天要在大经堂诵经六次，祈祷佛法常在，天下太平等。

第一，正月初八日举行“放生”，在图丹颇章院内举行放生活动。首先由“议仓”官员宣布寺院内大小官员和属寺及部落头人的职权范围，然后将“拉章”终年密封珍藏的古董珍玩及金银宝库启开，供人们参观。僧众齐诵《找财经》，然后把准备好的马、牛、羊洒上净水，在耳朵上系上彩带后放走，凡是被放生的马、牛、羊，不允许任何人猎取。

正月间的整个活动会有七名骑马的卫士，一名僧人为首，其余是他瓦和萨哈村的俗众。因为他们的祖先最先在拉卜楞定居，所以他们也是唯一有权可在寺院骑马的人。在这个季节，除了他们以外，他人均不得佩戴武器。

第二，正月十三日举行"亮佛"，将数十丈长的绣制佛像，展挂在王府对面山麓唯晒佛台，僧众高诵沐浴经，群众肃然，场面盛大。每年的正月十三，大约上午10时，法号长鸣，在仪仗队和两个小喇嘛装扮的"花身土地"的引导下，上百名一个紧挨着一个的红衣喇嘛抬着那幅无比巨大、约有一千多平方米、用各色绸缎堆绣而成的大佛，迈出了佛殿的大门。届时，僧众击鼓诵经，"雄狮猛虎"左右开道，浩浩荡荡沿着寺院中间的大道向西南方约一公里之外的晒佛台迤逦而去。在大道的两侧，站满了众多来自甘肃、青海、四川、甚至更遥远的云南、西藏的朝觐者。大佛经过时，他们无论男女长幼或合十鞠躬，或敬献哈达，或仆地跪拜，然后便簇拥在大佛的前、后、左、右，一齐涌向晒佛台。

晒佛台是一座不很高的土山，其平坦的北坡用以晒佛，当大佛从晒佛台自上而下顺势展开后，晒佛仪式便在由活佛或得道高僧担任大法台的主持下正式开始。同时，僧众大声诵念沐浴经，歌颂佛祖释迦牟尼的功德。四周万众肃然，默默祈祷叩拜，紧接着，覆盖在大佛之上的金黄色绸缎被缓缓打开，巨大的刺绣或装饰花纹的释迦佛或阿弥陀佛或宗喀巴的绣像在夏河对岸的上坡上展出。教务长在另一地方做必要的法，而活佛的代表则于河对岸的扎喜罗丹寺的佛像前读经。这时威严的教务长前来维持秩序，并有少数僧众帮助。他们手执鞭子或树枝，向群众挥舞，以免他们挤得离像太近。另外有两名穿着刺绣服装的人，模仿老虎，跳来跳去，有时他们向观众开玩笑，把他们的帽子抢去，但主要目的是使观众不要挤得太厉害，也是表示连凶猛的兽都因佛教的影响而得到驯服。

据说，晒佛当天便总能见到太阳，无论当天是阴云密布还是雪花纷纷，只要大佛一展开，总是会云开雪散，洒下束束阳光。之后，便又云雪依旧了。

第三，十四日的大跳神。中午12时在大经堂前的广场举行跳神。跳神的时间持续得特别长，全部活动大致要四五个小时，作为预备，要念十日经咒，求怖畏金刚和法王允许和降福，同时有焚供。在跳舞方面，有跳舞者和作乐者各二十人上下，念阎王铁城经。大经堂门左边，展出法王大型画像，以降伏阎王和免除任何坏事。跳神的人假扮为法王、他的明妃、他们的侍从等。跳神的过程要有次序地进行，整个仪式都在一位被称

拉卜楞寺

141

为"年长的监护者"的喇嘛官员的监护之下。跳舞者事先要练习一年，然后才能实际参加，一旦参加到跳舞的行列中，便要一直进行三年。

舞蹈的主题是打鬼，佛法战胜邪恶。当那个象征恶魔的人形符被杀死并扔进油锅里烧掉之后，万众欢庆胜利，气氛隆重、辉煌，然后法舞就结束了，众神祇和僧侣一齐将一种叫做"多日玛"的供神施鬼的食品运到寺郊焚烧，以预祝一年吉祥如意。当"多日玛"被推进燃起的大火时，群情鼎沸，枪声、鞭炮声轰然响起、震耳欲聋。藏民围着熊熊大火转着圈，跳起了异常激烈的舞蹈。

第四，正月十五日的酥油花灯会。晚上，大经堂前陈列出各种由六大学院和大、小活佛制作的十分精美的酥油花，主要是塑造的释迦牟尼、智慧神、遍知佛、未来佛、无量寿佛和各种各样的慈悲佛母。将每一位都放在木架上，装上花和柏树枝，群众绕着走，每人都用头接触架边，以表示敬意。同时，他处还有藏戏演出。

第五，正月十六的转香巴又称"转弥勒"。僧人们抬着弥勒佛从大经堂开始，在乐队伴奏下绕寺一周，于正月十六早晨进行游行。穿着盛装的游行队伍抬着一尊特别大的佛像和两尊较小的佛像，还有戴面具的童子，由大经堂走出，围着寺院按顺时针方向转，他们背后跟着观看的群众。当他们到了大经堂外面广场的时候，游行队伍便告解散，当日的活动终了。弥勒佛是未来佛，意为祈愿未来幸福。

（二）二月法会

从二月四日至八日，其间初五日纪念第一世嘉木样圆寂，名为"良辰"。二月初八日为"亮宝会"，僧侣数百人，持寺中宝物，绕寺一周，宝物有吉祥结、如意树、龙蛋、康熙所赐锡杖、百两金元宝等。

（三）三月舞蹈

三月初六日，时轮金刚学院开始准备一个叫"干绘画"，用不同颜色，代表佛的宫殿即神秘图案或曼陀罗，不同颜色的矿石粉，用尖嘴管注到矮桌上，一种颜色在一种管内。各种颜色的设计代表宫殿——由上向下看的宫殿。设计搞完需要七天，到了十五日，还要举行玩耍的舞蹈。十六名和尚化妆成姑娘，头戴五佛冠，身穿女人服装，跳十分雅致的舞，以取悦于佛。这虽然不是大规模的舞蹈，但十分特殊，因为在一切喇嘛舞蹈中，这是唯一取悦于人而不是让人畏惧的。舞蹈在该学院院内举行，但一般观众可以进去参观，相信每个跳舞的人，死后都能重生在时轮金刚城内。

（四）四月"娘乃节"

四月里有两件事比较吸引人注意，第一件事是四月二十日至二十三日在午曲札时举行的辩论。辩论是在学"智慧"的班级中举行。

第二件事是"娘乃节"，于四月十五日举行。此日是释迦牟尼降生、成道、圆寂的日子，僧众、信徒等要闭斋，转经轮，念六字真言，以示纪念。十五日举行的斋戒，纪念释迦佛在母腹中投胎，后来又取得解脱和涅槃。四月"娘乃节"也叫"四月会"，据佛经记载，佛家弟子和信徒凡在这一天做一件善事，或念一遍六字真言"唵嘛呢叭咪吽"，就等于平日做了3亿件善事，念了3亿遍真言。所以，这一天对僧众和信徒都极其重要，要不失良机地虔诚闭斋、转经轮、念真言。这一天，拉卜楞寺各个学院、经堂和佛殿全部开放，任凭僧俗群众进寺朝拜、进香和添灯油。经轮用木做骨架，装好经文，然后外面用生牛皮包裹，再在上面涂上大红油漆，并绘上图案，中间用金粉写上梵文。最后把经轮架在轴上，即可转经。俗家少女次日禁食和唱歌，所有的僧众此时都要素食，因为僧俗都敬神，在供桌上献酥油，还有在寺院的周围沿顺时针方向转圈的动作，这是一个真正的群众性的活动场合，不似其他季节，俗家只是旁观者。

（五）七月法会

七月法会藏语是"柔扎"，俗称"说法会"。会期自农历六月二十九日至七月十五日止，共十七天，最隆重的一天是七月初八日。此会由宗喀巴大师的弟子加洋却杰为纪念护法神和法王而创立。七月法会仅次于正月法会，僧众每天都要到大经堂聚会七次。六月二十七日和二十八日两天举行宗教辩论。六月二十七日先由大法台讲述，然后由学院法台提问，大法台对答。二十八日由学院法台讲述，然后大法台提问，学院法台对答。表示法台必须要有高深的学问，才能担任。从七月初一开始，每天早上和中午都要进行辩经大会，参加辩论者为各学级学习成绩优秀的僧人和取得"然江巴"学位的僧人。辩论前一天，参加者要往各个经堂、佛殿献花，并在大经堂向僧众献花，花瓣如雨，颇为奇观。

七月初八为"米拉劝法会"。中午时分，嘉木样大师和四大色赤、八大堪布以及诸位活佛，都要登上大经堂前殿二楼的看廊，观看在广场演出的圣僧米拉日巴劝化猎夫贡保多吉的故事。演出在闻思学院门前广场举行，前殿一楼前廊左侧为在职僧官的席位，右侧为一般僧众的席位，演出内层为本寺僧人坐处，外层是观众。演出时鼓乐喧天，盛况空前。最先出场的是头戴螺帽、臂缠红带、手持黑白花棍的"阿杂日"，紧随其后的是两头白毛绿鬃雄狮。阿杂日手持彩带，逗引狮子翩翩起舞。然后是藏族土地神"图格恰端"出场。他头戴黄色面具，白须白发，播撒青稞，祈求丰收。此时，阿杂日向群众散发糖果。接下来出场的是圣僧米拉日巴。他身背经包，右手持锡杖，面裹黑纱，坐在面对看台的椅子上。这时，两名童子驱赶着猎狗上场，被米拉日巴先后说服。最后出场的是猎人"贡保多杰"。只见他翻穿皮袄，颈挂念珠，腰悬宝剑，满脸杀气。随后就是米拉日巴劝说贡保多杰的过程。中间贡保多杰大怒，拉弓射杀米拉日巴，但屡射不中。于是他向米拉日巴询问原委。米拉日巴趁机讲经劝化，引导他皈依佛法。大约到16点40分左右，法会才结束。这场法会源于三世贡唐仓大师贝丹卓美。据说当时寺内戒律松弛，学风萎靡，他创作这套法舞，抨击时弊，揭露错误言行，扭转不正之风，收到极好效果。此后年年举行，相传至今。

（六）九月禳灾法会

九月法会是典型的法舞，于农历九月二十九日在嘉木样大昂举行，由喜金刚学院举办。有十年以上表演经验者四十余人带护法面具，在二十余人组成的乐队

中国藏传佛教建筑

伴奏下，由舞官领头，表演法舞。在大喇嘛的院子里，这一天所有楼上的走廊和院子两面，都被观众占据。两边走廊有八大三角叉，象征愤怒；在三角叉边上有风轮，代表耳朵，可自远方听到声音。北面的中门，是舞蹈者出入的通道。

在神舞前有一个斋戒时期，即在九月二十二，为纪念释迦佛返回人间，在给母亲讲法以后，为人类"转法轮"。届时寺院开放，与四月间相同。

（七）十月纪念日

十月二十五日，是宗喀巴和他的门徒佳样曲接巴——哲蚌寺的创始人、嘉勤曲吉——色拉寺的创始人，三位大师的去世纪念日。嘉样二世是十月二十七去世的，所以拉卜楞寺由二十五至二十七开放三天。僧众念大经，寺院开放，让信徒朝拜。为了做焚祭，俗人还带来大麦面、柏树枝和酥油，并且为酥油灯添油。二十五日晚间，寺院的所有房间和佛殿都点上灯，僧众都念经，并读宗喀巴传记。寺院附近的村庄，也到处燃灯，灿烂如星，故又称燃灯节。那景色，在人烟稀少的藏族居住地区来说，是十分壮观的。

（八）冬至和夏至

在七个群众性聚会之后，我们还要提到一年内不同于上述聚会性质的节日，那就是冬至和夏至。

在冬至之前，时轮金刚学院的僧人念三天经，念保护神即马哈卡拉的经。到冬至那天，由每一学院，包括活佛的公馆等，将三角供送至河边，然后焚化，消除恶神，武装的俗人向空中鸣枪。当三角供从木嘉样的公馆和时轮金刚学院的院子里抬出的时候，武装的俗人也跟着，意思是：当太阳开始改变运程时，恶神就会跟着，所以需要仪式。同时，寺东、南两方，信仰保护神寺庙的前方、作曲札的空场、河南亲王门口等地方旗杆上，都换上新的经旗（大经堂门口的旗是在正月初三换的）。俗家人用子弹帮助驱恶神的，会得到当权者的赞赏。在夏至时，同样的仪式在喜金刚学院领导之下进行，但不换旗子。

三、拉卜楞寺——喇嘛大学

一座寺院的教育性质通常被其宗教活动所掩盖，拉卜楞寺在教育方面其实就是一所喇嘛大学。喇嘛大学从幼儿教育开始，这是它和现在大学的唯一区别。

学生入学有三项条件。第一，他必须年满八岁，且父母同意，个人申请的；必须不是加入了寺院后又还了俗的；必须不是被另一寺院中开除的；必须不是犯过强奸、偷盗、醉酒、说谎等罪的；必须不是

异教徒；假定有个师傅的话，他的师傅必须在道德上完好无缺，他自己必须勤奋好学，对于佛教有敬意，而且必须决心留在寺院。第二，他必须具备下列各种物件：披单、背心、裙子，用鹅黄色布做的道袍、毯子、帽子。第三，入学必须要具备相应的手续。首先必须找一个师傅，由他带着去见教务长，求得入学证，然后向训导长和学院总监作报告。必须首先学会藏文字母的各种形式。在考试时，除了例外，学员由初级到十三级都要通过辩论的形式进行，及格后才可进入相应的班级。

拉卜楞寺包括密教和显教学院。注重自由教育的是显教学院，显宗重理解，要系统学习佛学原理；密宗重修持，讲技术，学僧接受专门教育。所以由显教学院转入密宗学院比较容易，反过来则几乎不可能，因为从密宗学院进入显宗学院是受限制的。一般情况或者先入显教学院，然后进入密宗学院；或者到任何密宗学院，而放弃进入显教学院的可能；或者直接入显教学院。

拉卜楞寺有六大学院（札仓），各学院根据修习内容各有不同名称。分别为铁桑朗瓦札仓（闻思学院）、居麦巴札仓（续部下院）、居多巴札仓（续部上院）、丁科尔札仓（时轮学院）、曼巴札仓（医学院）、季多札仓（喜金刚学院）。最大的是闻思学院，属于显宗，其余五学院属于密宗及其他。所有学院的院长是由显教学院的学者中选拔的，密宗学院只有三级，而显教学院则有十三级。

（一）闻思学院

俗称大经堂，是拉卜楞寺僧人学习显宗的学院，一切规定、律仪、都依照拉萨哲蚌寺郭芒札仓，是嘉木样一世于 1710 年建立的。那里有三千名僧侣学生，是六个学院中规模最大的一个。用大经堂作为开会地点，学五部经典，分十三级，给不同的学位，这只有在大寺院才可能进行。当全部课程都已学毕以后，或留在学院继续深造，或转入其他学院，如密宗学院。有些人读了数年之后，也可以中途停止，如果他们要到其他的学院，任何时候都可以；假若继续读下去，最少也得十五年。但很少有人能够在此时间内读完，所以很多人终身停留在低级阶段。拉卜楞寺的僧人可以去西藏进修，但二者并无高下之分。

闻思学院的主要佛像与汉地佛像没有什么不同，只是大经堂的墙上有很多密宗佛像，因为此处也是全寺各学院的僧众聚会的地方。

学僧主要学习和研究三藏（论藏、律藏、经藏）、三学（戒律、禅定、胜慧）及四大教义（毗婆沙、经部师、唯识师、中观师）。通过师授、背诵和辩论的形式，最终要达到通晓佛学五部大论，即《因明》《般若》《中观》《俱舍》《律学》。还要分十三级学习这五部经典，一般需要十五年时间才能学完。

闻思学院的学习时间，一年分为九个学期，即四个大学期，每学期为一月；两个中学期，每学期二十天；三个小学期，每学期十五天。学经的方法以背诵与辩论相结合为主。学僧每年必须经过严格的考试方能升级，时间为每年农历十一月十九日。考试时，考生坐中间，回答格西和僧人们提出的问题，回答圆满，不漏点滴，方为及格。

闻思学院设三种学位，即然江巴、尕仁巴和多仁巴。通常般若部毕业之后或六至十二年级的学僧可申请参加然江巴学位考试，科目以因明和般若为主。每年两次，第一次在农历五月十七日至六月十七日之间进行，第二次在农历十一月十七日至十二月十七日之间进行。凡

俱舍部学完 4 年功课者，全部称尕仁巴。多仁巴是闻思学院的最高学位，其考试非常严格，不仅要求俱舍部毕业，而且要经大法台审查认为德才兼备方可报名，考试科目为五部大论，每年仅录取两名，分两次进行。第一次在农历正月十七日至二十日，第二次在七月九日至十三日。正式考前一个月，由寺主嘉木样大师预考一次，令其背诵五部大论中的《根本论》，合格者方能参加正式考试。考前考僧要设宴五天，邀请本学院六年级以上的学僧及僧友参加，可算考前指导和提示，也促进与学长同窗间的友情。多仁巴候选人凡参加考试而未及格者，终生再无考取的机会，使得每年两个名额更显珍贵。若取得多仁巴学位，便可被派为活佛经师或属寺的经师。他们去世后还可转世，从而形成新的活佛转世系统。

（二）续部下院

属密宗学院下院，1716 年由嘉木样一世最早建立的密宗学院。主奉密宗集密、大威德、大自在（胜乐）、三大金刚、六臂和法王护法。僧众专修密宗，研习密宗教义，广授法师灌顶，有一百五十名僧人，设三个学级。初级叫小解级，学修生起次第，学僧主要背诵《怖畏九首金刚经》《六臂护法经》《法王护法经》《集密经》《大自在经》《续部经》等。升级时，必须背诵《大自在生起与圆满次第经》《集密生起与圆满次第经》《怖畏九首金刚生起与圆满次第经》三部经中一部，方可升入中级。中级叫大解级，必须背诵《集密自入经》《大自在自入经》《烧坛经》《续部经》《佛赞》，并要求学会用彩色细砂制造坛城。高级叫生起级，依据《生起与圆满次第经》中规定程序修行。僧徒均以不同程度授以解说、诵读仪式以及下述神佛的心理生起合静观圆满，即所修之佛的本尊，如胜乐金刚、密聚金刚、怖畏金刚。每年农历二月十七日至二十一日通过密宗教义的辩论考试，取得俄仁巴学位，每年只取一名。这个学院教规极为严格，戒律繁多。不准穿绸缎，不能饱腹，吃饭须持钵，外出要持锡杖，走路不准仰头等等。

中国藏传佛教建筑

（三）时轮学院

时轮学院是 1763 年嘉木样二世为了传授藏历而修建的。它有一百名僧徒，他们也分作三个等级，最低级的叫作解释级，要求僧徒学习梵文字母，学习读和记以及关于各种神佛的典籍。当他们考试及格以后，即可升入中级，这是一个心理升起的过程。在这一级，他们学习诵经，学习勾画，观察太阳系，作神秘图解，跳神祇舞蹈，演奏宗教音乐等。再经过进一步考试，即可升入最高级。每一级没有时间限制，全是根据个人收获而升级。除学习时轮密乘外，主学时轮天文历算。藏传佛教文化可谓博大精深，其中天文历算当属最为灿烂的篇章之一。藏传佛教的天文历算源自古印度的时轮学，因而也叫时轮历。藏历是藏族学者在原时轮学的基础上发掘研究创建的一种学说。时轮学讲内时轮、外时轮和别时轮，主要用来研究人与天体自然的关系。藏传佛教时轮观认为，人体自身就是一个小宇宙，这叫内时轮，它与外时轮的天体大宇宙相对应。通过对天体星球运动规律的认识与研究，以发现人体自身运动变化的奥秘，最后获取二者之间不可分离的有机统一和联系，进而达到完全融合的目的。

该学院分三个学级，年限无定。初级，主学《妙吉祥名称经》《无上供养经》《普济经简释》等。中级，学习和背诵《时轮金刚经》《现证菩提经》，学会坛城的描绘。高级，主修声明、诗词、历算、书法，并研究时轮金刚和怖畏金刚的生起与圆满之道。

（四）医学院

为嘉木样二世于 1784 年仿照西藏拉萨药王山寺医药学院创建。有一百名僧徒，学僧主修藏医，也分三个学级。最低级叫做经典分类级，学僧必须背诵《皈依经》《绿度母经》《观音心经》《不动佛经》《根本续》《后续》等。

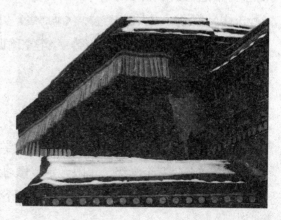

拉卜楞寺

中级叫做经典解释级，背诵《释续》《药王经》《马王白莲经》等。高级叫做道路分程级，主要研究《四部医典》及《菩提道次第广论》等。这其中有关于诊脉的书，分解小便的书，以及泻便、外科等书。关于解剖、病理、饮食、行为、药物、医学器材等，也都作详尽的指导。

医学院的学僧除了学习藏医原理外，还从事实践活动。每年四月下旬、六月上旬、八月份要外出采药，七月下旬开始制药。成药有散、丸、膏三种，并给各地患者看病治疗。医学院曾培养出许多杰出的藏医。现今该学院生产的"洁白丸""九味沉香散""九味半黄散"三种药物已被列入国家药典；还有十八种成药单方被列入西北五省（区）地方成药，拉卜楞寺还成立了藏医研究所，藏医学正在得到继承和发扬。

（五）喜金刚学院

嘉木样四世于1881年修建，主供喜金刚、金刚手大轮、虚空瑜伽、集密、大威德、胜乐等密宗本尊，主要研究喜金刚的生起和圆满次第之道。分三级：初级，收三十五名学生，除学习该院密宗经典外，还要学习用彩砂绘制坛城，并考音韵、音乐等；中级，收二十五名，主要学汉历天文历算、藏文文法和书法艺术，并学习西藏传来的法舞跳法；最高级，收六十名，学僧必须遵守三律，防止身语之恶行，并要求掌握汉历天文历算。学僧主要背诵《无上供养经》《妙吉祥名称经》《大威德经》《满愿经》《喜金刚迎请、加持、自入、烧坛、祝愿、回向经》《金刚手大轮经》《虚空瑜伽经》等。

（六）续部上院

是嘉木样五世于1939年仿拉萨续部上学院修建的，主要研究密宗生起和圆满次第之道。分三个学级，年限无定，修习经典基本上相同于续部下学院，只有某些细节不同。这里的"上""下"两个字并不代表在下学院学过才可升入

中国藏传佛教建筑

上学院。这两个字来源于西藏，是根据两院分别所处的方位来定的，不是指所学内容的高低。

（七）藏书

拉卜楞寺藏经楼内存放着浩如烟海的藏文古籍，是现有藏传佛教寺院藏书最丰富的寺院之一。1958 年前拉卜楞寺藏书达 22.8 万余部，后来损失严重。现存经籍仅占原藏书的 39.6%，计有 6.5 万余部，1.82 万余种（复本书和《甘珠尔》《丹珠尔》除外），包括医药类、声明类、工艺类、天文历算类、修辞类、书信类、历史类、传记类、全集类和各种佛典。珍藏有贝叶经（写于印度贝多罗树叶上的经文）两部。近来甘肃省成立了"甘肃省拉卜楞寺藏书研究所"，1988 年改为"甘肃藏学研究所"，展开了对拉卜楞寺的研究。

印经院内保存有各种木刻经版 7 万余块。另外拉卜楞寺保存有众多清王朝以来历届中央政府颁赐给嘉木样活佛和其他大活佛的封诏、册文和印鉴等历史文物。如清朝光绪皇帝给第四世嘉木样的封文、民国政府给第五世嘉木样萨木察活佛的封文、国民党政府褒扬第五世嘉木样令、清道光赐给第三世嘉木样的印鉴、民国政府颁给第五世嘉木样的印鉴等，另有金、银、铜、象牙、石、木等大小印鉴二十一枚等等。

拉卜楞寺

四、拉卜楞寺的寺院组织

（一）僧侣的分类

嘉木样为拉卜楞寺僧侣阶层中的最高等级，为拉卜楞寺院最大的活佛。色赤是继嘉木样活佛之后的又一特殊等级阶层。享受色赤地位的活佛有六位，分别是：贡唐仓、霍藏仓、萨木察仓、德哇仓、喇嘛噶绕仓和阿莽仓。堪布佛位

的活佛为拉卜楞寺活佛等级中的第三等级，共有十六位活佛。相当于堪布的活佛共有四十多位，为拉卜楞寺院僧侣等级中的第四等级。侧席地位的活佛有二十余名，他们的地位是比较低下的，但比僧人略高一等。这一地位的活佛，在拉卜楞寺般若部毕业后，一般都被派往本寺各学院及属寺任法台。普通僧人为最后一个等级。拉卜楞寺的大小活佛享有的各种特权，随地位高低不同而有很大差别，地位越高权力越大，特权也就越多，表现在居住、服饰、丧葬等方面的特权也不尽相同，形成藏传佛教寺院特有的文化现象。

任何在寺院学习的人，都被叫做"乍巴"，即"学生"的意思。所有乍巴，不管是"转世的"，还是普通的，都是以下述标准进行分类：是否有公职，受戒程度如何，在闻思堂进修情况如何，得了什么学位，是否有名誉头衔。乍巴可以是"转世的人"，通常叫做"活佛"；也可以是不知自己前生的普通人。一个"转世的人"有自己的特长，据说不是由此生学来的，而是由前生带来的。人们相信这是超自然的，但这些特点并不给这位"转世的人"什么学术地位或行政义务。学术地位是自己挣来的，除非他被认为是寺院的主人。寺院中的任何职位都是由较高的权威任命的，所以"转世的人"只有在自己的寺院，才能享有行政权力。如果不在自己的寺院内，他在学术上和行政上都与其他人一样，就是在自己的寺院，他也必须经过正规的学术训练。

论到受戒，最初级叫做居士或"格念"，即不许杀生、偷盗、强奸、说谎、醉酒等五戒必须遵守。其次是"饶迥"，独身生活和某种程度的苦行生活就开始

了，除了"格念"的五戒外，还要加上另外五种戒律：不睡悬高的床，不带刀，中午以后不进食，脸上不涂香料，不存私财。其次是"格促"，必须遵守十三法，可分析为三十六条戒律。"格促"亦称修士。受圆满戒的和尚，叫作"格龙"，他有二百五十三条戒律。

（二）职员

经过近二百多年的发展，至1958年前，拉卜楞寺逐步形成了一套政教合一的组织机构和教务、政务的统属关系，它既是安多地区最高学府，也是最高行政首脑机构之一。

拉卜楞寺历史虽然不很长，但其发展之迅速、规模之兴盛为藏传佛教其他寺院所不及。嘉木样活佛是拉卜楞寺的最高住持，下分两套机构，就是作为行政机构的"拉章"和作为寺庙组织系统的"磋钦措兑"。拉章组织，系嘉木样大昂（佛宫）组织，由襄佐、司食、司服装长、经务、秘书、承宣、嘉木样代表、管家等组成，负责嘉木样本人及嘉木样佛宫的有关事宜。拉章设襄佐一人，职权最大，管理教区的政教财务大事；葛巧堪布一人，等于嘉木样的机要秘书，保管印信；昂佐一人，管理嘉木样私人财产。磋钦措兑，系教务会议组织，在嘉木样领导之下，由总法台、总僧官、财务长、总经头、管理长、亲王管家，僧众代表六人、秘书等组成，负责全寺宗教事务和财务。磋钦措兑设大法台一人，掌管本寺教务与财务大权，住持磋钦会议，决定本寺一切重大事宜。

1940年，五世嘉木样从西藏学经返寺后，调整和改革拉卜楞寺的组织机构，建立了议仓组织（秘书处），由嘉木样亲自领导，襄佐主持，成员有议仓堪布、司食长、司服装长、经务长、秘书长、承宣长、拉章代表、管家和司讼员等，取代了仲贾措兑和磋钦措兑的权力，统辖全寺和寺属部落的一切政治、宗教、军事大权。从而权力高度集中于嘉木样手中，更加强化了政教合一制度。

（三）寺院组织

拉卜楞寺的属寺总称一百零八寺，实际不

止此数。其中甘肃境内有六十六寺，青海境内有六寺，四川境内有二十一寺，内蒙古境内有七寺，西藏境内有五寺，山西有一寺，北京有一寺。这些寺院都是拉卜楞寺的子寺，但它们与拉卜楞关系之密切程度却各不相同。基本上有三种形式：第一种是政教两权统属拉卜楞寺院管理，并由拉卜楞寺院派"更察布"（代表）、"吉哇"、法台管理该寺及所属部落的一切政教事务；第二种是教权属

于拉卜楞寺管理，由拉卜楞寺派法台或经师、僧官、更察布，只管理教务，不管政务；第三种是在宗教上有着密切关系，但拉卜楞寺不直接管理其政教事务。

拉卜楞寺所属部落按依附程度分为四类。第一类称"拉德"，意为神民，是蒙藏王公贵族从自己的属部中转给寺院的"香火户"，有河南蒙旗十一支箭地、拉卜楞寺附近十三庄、桑科、甘加六族、科才、欧拉、尼玛、阿坝六族、多合尔部落等。第二类称"穆德"，意为政民，是拉卜楞寺利用教权控制的部落，有阿木去乎、扎油、博拉、下巴沟、美武五族、三乔科、阿万仓等。第三类称"曲德"，意为教民，宗教上受拉卜楞寺的影响和控制，这些部落有麦科尔、上作格浪哇、牙端木、唐科尔、上南那、经科尔、木拉小俊、曼龙、下卡加等。第四类称"栓头"，表示和拉卜楞寺院有往来关系，这类有科哇乃门、拉马吾建等。

拉卜楞寺院对"拉德"和"穆德"部落大都派有"郭哇"（头人）或"更察布"，代表嘉木样和拉卜楞寺统领该部落的一切政教、军事大权。郭哇和更桑布的人选，均从嘉木样的八十随从中选任。一般牧区称"郭哇"，在农业区和半农半牧区称"更察布"。郭哇和更察布的不同是前者只管政务，后者兼管寺院。

拉卜楞寺及其主要活佛都拥有较多的土地、牧场、森林、牧畜、房屋等。拉卜楞寺的财产所有情况分以下几类：属全寺所有，属六大学院所有，属嘉木样佛宫所有，属各大小活佛所有和一般僧人个人财产。再加上寺院还从事放高利贷等商业活动以及信徒布施、僧徒募化等，使大量的财物流入拉卜楞寺，从而使拉卜楞寺具有雄厚的经济势力。

五、藏艺博物馆——拉卜楞寺的独特艺术

（一）建筑、雕塑、绘画

拉卜楞寺建于山间盆地里，坐北向南，负山面河。大夏河自西向东从盆地南缘流过，河的北岸就是寺院。寺院总平面略呈东西横向的椭圆形，占地 8.2 公顷，建筑面积 82.3 万平方米，整个建筑布局周密，造型宏丽，粗犷豪放，富丽堂皇，具有鲜明的藏族建筑艺术风格和特点。由于受地形限制，寺院建筑形成东北至西南向长一千一百余米、南北向长六百余米、中间宽两头窄，呈树叶状态的平面格局。整个建筑群以东北及西北之白塔为标志，高大经堂、佛殿均集中在西北方向，以闻思学院的大经堂为中心点，其他殿宇以半月形格局呈群星捧月之势。环寺院而建的经纶廊与朝拜道路形成寺院的轮廓，东北角为寺院主入口，入口至护法殿的道路形成主路，支道路与广场形成脉络将寺院建筑有机而统一地组织在一起。由于吸收了藏汉民族建筑之精华，在整体设计、建筑工艺、艺术风格方面都表现了极高的工艺水平。

拉卜楞寺是长期逐步扩建而形成的，其规模在六大寺中仅次于扎什伦布寺而居第二。在建寺以前，并没有完整的详细规划，但在建成以后，却具有一种浑然天成的统一感。全寺从山坡到河边，基地由高而低。重要建筑如学院、佛殿和主要活佛府邸，几乎全都集中建于近山的高处，周围三面簇拥着大片低小的僧舍，使高者益显其高，对比十分鲜明。

拉卜楞寺的建筑，依其用途可分为经堂、佛殿、襄欠、僧舍和其他 5 类。依其建筑结构，可分为石木和土木两类，其中木石结构最常见，有"外不见木，内不见石"之谚。其建筑材料全用当地特有的土、石、茴麻和木材，墙的外层用大小均匀的青灰石砌成，光滑洁净，整齐和谐；内层用木料支架立柱，雕梁画栋。依其形式，拉卜楞寺建筑属藏式布局，建筑形式多为藏式，汉地宫殿式和藏汉混

式。根据其级别和用途不同，在建筑外面分别涂黄、红、白色。嘉木样和各色赤的楼房涂黄色；八大堪布及相当于堪布地位的活佛和有呼图克图封号的活佛，楼房涂红色，再配以闪闪发光的金顶和屋顶上的鎏金饰件，显得壮丽巍峨；普通僧舍只允许建单层，且外墙面一律只能刷饰白色。六大札仓各有其经堂，还有十八囊欠（活佛公署）、十八拉康（佛寺）以及藏经楼、印经院等，颇具藏族风格。寺院经堂、佛殿和大囊欠屋顶及殿前布围上均有铜质鎏金法轮、阴阳鹿、宝瓶、经幢、雄狮等组合图案，部分殿堂的屋顶有鎏金铜瓦和绿色琉璃瓦。飞檐凌空，龙腾兽越；金瓦红墙，古朴典雅。

全寺共有六大经堂，每所学院都有以经堂为主组成的一组建筑，供本院僧众集中学习使用。学院主要建筑一般取中轴对称布局，自前而后，由前门（或前殿）、廊院、经堂和紧附在经堂后面的后殿组成。经堂是学院的主体，一般在学院附近还附有夏季讲经院和厨房，有时在学院外还另建护法殿。各学院形制大同小异，只是规模大小有所不同。

最大的是闻思学院经堂，又称大经堂。它是"磋钦措兑"会议的场所，平时供本学院僧众聚会诵经，重要宗教节日时又供全寺僧众集中诵经，为全寺之中枢。一世嘉木样初建时，只有八十根柱子，1772年二世嘉木样扩建为一百四十根柱子，可容纳三千僧人诵经。大经堂正殿东西十四间，南北十一间。正殿内悬乾隆皇帝御赐"慧觉寺"匾额，内设嘉木样和总法台的座位及僧人诵经坐垫，供有释迦牟尼、宗喀巴、二胜六庄严、历世嘉木样塑像，悬挂着精美的刺绣佛像及幢幡宝盖等，显得十分华丽。经堂陈设、装饰富丽豪华，四壁绘各类佛画并嵌以佛龛书架，柱上悬挂着精美唐卡和幢幡宝盖，顶幕缀以蟒龙缎。殿壁周围绘有颜色艳丽的壁画，题材以佛教故事、历史人物、风俗装饰为主，构思精巧，刻画细腻，色彩绚丽，并镶以佛龛书架，结构严整，金碧辉煌，庄重中透出富丽。

1946年，五世嘉木样又建了前殿院。前殿供松赞干布像。前殿楼为大屋顶式建筑，顶脊有宝瓶、法轮等饰物，楼上供吐蕾赞普松赞干布之像，楼上前廊设有嘉木样大师、四大色赤、八大堪布等活佛们每年正月和七月法会观会时的坐

中国藏传佛教建筑

席，楼下前廊为本院僧官逢法会时的座位。前庭院是本院学僧辩经及法会辩经考取学位的场所，有廊房三十二间。后殿正中，供奉着鎏金弥勒大铜像，后殿左侧供奉着历世嘉木样大师的舍利灵塔，及蒙古河南亲王夫妇和其他活佛的舍利灵塔，共十四座，右侧为本寺护法神殿。正殿之西为大厨房，内有大铜锅四口，大铁锅一口。自此，大经堂成为有前殿楼、前庭院、正殿和后殿共数百间房屋，占地十余亩的全寺最宏伟的建筑，充分显示了藏族人民高超的建筑艺术。

除各学院的经堂外，拉卜楞寺有众多佛殿，佛殿建筑是指位于单独地段、专供礼佛之用的建筑，非常重要，因而体量都很高大。有的佛殿属于某一活佛所有，但为了强调法相庄严，规模仍相当高大。佛殿是僧众诵经和信徒朝拜的场所，拉卜楞寺现有十多座佛殿，较为著名的有宗喀巴佛殿、千手千眼观音殿、弥勒佛殿、释迦牟尼佛殿、白伞盖菩萨殿、救度母殿、白度母殿、寿安寺、悟真寺、普祥寺、图丹颇章和护法殿等。其中弥勒佛殿，亦称"寿槽寺"，坐落在大经堂之西北隅，高达六层，纵深各五间，初建于1788年，1844年由卓尼察汗呼图克图额尔德尼班智达捐资予以翻修，并建金瓦亭。该殿为藏汉混合式结构，最高层为宫殿式的方亭，四角飞檐，其上覆盖鎏金铜狮、铜龙、铜宝瓶、铜法轮、铜如意，阳光下金碧辉煌，故俗称为"大金瓦寺"。殿内供鎏金弥勒佛大铜像，高八米左右，两侧供八大菩萨鎏金铜像，高五米左右。殿内藏有金、银汁书写的《甘珠尔》。

释迦牟尼佛殿，位于弥勒殿西边，仿拉萨大昭寺修建，亦为鎏金铜瓦屋顶，俗称"小金瓦寺"。该殿高三层，二层内供有释迦牟尼佛像，两侧有两根铜质龙柱。第三层为嘉木样护法殿，殿前为图丹颇章，系历世嘉木样坐床和举行其他隆重仪式典礼的地方。

寿安寺，系萨木察仓捐资修建的，在时轮学院前面，纵深各五间，门上悬清嘉庆帝御赐用汉、藏、满、蒙4种文字书写的"寿安寺"匾额一面，殿内供狮子吼佛铜像，高十三米。

拉卜楞寺还有藏经楼、印经院、夏丹拉康、菩提法苑、嘉木样别墅、铜塔、厨房和牌坊等建筑。

囊欠建筑

活佛府邸藏音为"囊欠"，是担任高级宗

教职务的活佛自己建造的宅院。拉卜楞寺盛期，据称曾有三四十座囊欠，其中嘉木样的府邸规模最大。一般的囊欠形制与文殊菩萨殿、白度母殿差不多，只是府邸常附有大院，一进至多进不等，院三面环绕裙房，供仆役居住。例如郎仓活佛府邸有两进院落，住宅与佛殿位于第二进院，坐北朝南，佛殿在东、住宅在西并排布置，东西两面布置附属用房。

僧舍

僧舍是普通僧侣居住的小院，是当地民居形式的平房院落。拉卜楞寺的僧侣有私人财产，经济独立，一般僧侣都有属于自己的僧舍（先是租用，或跟师傅住，有条件时可以自建）。拉卜楞寺现有僧舍五百多院。

拉卜楞寺所创造的丰富的内部空间，追求大起大落强烈对比的体形和体量，以及鲜丽浓重的色彩和装饰，都显示着一种粗犷的、豪放的美和外向的性格，极大地丰富了中国建筑艺术史的内容。这种艺术性格，产生于藏区严酷而粗放的自然风貌和变化剧烈的气候条件环境之中，同时也与藏族社会和藏传佛教有更直接的关系。它鲜明的民族性、地方性和所体现的思想意识与审美心理，都具有深刻的意义。

雕塑

拉卜楞寺最为出色的艺术品是各种雕塑。全寺三万余尊佛像中，除少数泥塑、石雕外，大部分是珍贵的金雕、银雕、铝雕、铜雕、象牙雕、玉石雕、檀木雕、水晶雕佛像。其中铜制鎏金佛像约占70%，最大的铜制鎏金佛像为狮子吼佛像，高9米、宽4.43米，并有巨型靠背。传说格鲁派创始人宗喀巴大师是该佛的化身。据说该塑像体内装有如来舍利、宗喀巴大师的发舍利，三世达赖喇嘛供奉过的宗喀巴佛像以及印度、西藏大成就者的发舍利、法衣等。佛像雕塑及工艺品，除部分是本地工匠雕造外，大部分由来自北京、西藏、内蒙古及中原地区的能工巧匠雕凿，还有的出自印度、尼泊尔等国手艺高超的金属工匠之手。不少佛像身上还镶有珍珠、翡翠、玛瑙、金刚石等贵重饰品。佛像制作精美，形态庄重，面容慈祥，给人以美感。

拉卜楞寺的木雕工艺品为数不多，却较为著名。最大的是医药学院后殿中拉科仓大师灵塔左侧的不动金刚檀木雕刻佛像，高3.5米，宽1.75米。它雕刻

中国藏传佛教建筑

细腻，神态逼真，安详寂静，富有智慧。另外，大经堂正殿供奉的千手千眼观世音菩萨像，则最为精细而姿态优美。

拉卜楞寺酥油花艺术

酥油花艺术源于西藏，相传文成公主入藏时，从长安带去一尊释迦牟尼像，供在拉萨大昭寺内。黄教创始人宗喀巴大师在这尊佛像上献上了莲花护法冠，供上了一朵酥油花。此后，酥油花就传习下来。酥油花作为拉卜楞寺的主要艺术品种之一，以其优美的造型艺术和浓郁的民族风格博得了人们的喜爱和赞赏。

酥油是牛奶、羊奶反复搅拌后提纯出的营养极为丰富的油脂食物，藏民族在日常生活中几乎离不开它。酥油不仅可以食用、点灯供佛，而且还可以入药调和，治病救人。酥油的特点是柔软细腻，色泽柔和，可塑性极强，把它运用到雕塑工艺中，可塑出一幅幅完整的人物形象或其他内容的艺术造型，现已成为甘、青、川、藏等藏区各佛教寺院中油塑艺术的最佳原料。

酥油花一般在藏历正月十五前的两三个月开始制作，其过程较为复杂。首先用木料按酥油花图案形状制成模板，背面置有铁环，以备移动。为粘接牢固和节省酥油，在模板上用麦草和纸等扎成各种佛像、人物、花草树木、飞禽走兽等的形体框模，然后将酥油捏成小团，用颜料混合使之成为五颜六色的雕塑材料。材料准备就绪后按个人所长，进行分工制作。制作时，在每人前面放一盆冷水，将带色的酥油放入水中，捏成所需的各种形状，在模型上组成各种形象。这一道工序需要在零度以下的室内进行，将酥油与和好的豆面团放置在冷水中使劲揉搓，使手上的油渣擦净，再将酥油放置冷水中反复。有的作品完成后，还需要用淡淡的颜色或金、银粉勾描，让其更加鲜艳夺目。

制作酥油花没有固定的尺度和模型，全凭个人丰富的想象和多年来的实践经验。它形式多样，题材广泛，从小不及寸的飞禽走兽到几米高的亭台楼阁，从一草一木的花草盆景到大型组合的连环故事，都可塑造得栩栩如生。《释迦牟尼本生故事》和《文成公主进藏》就是艺僧们最成功的艺术佳作。前者在很小的空间里塑造了释迦牟尼从托梦到降生、涅槃、建塔等八个生动场面，其间出现的几百个人物，众多的楼阁亭台、

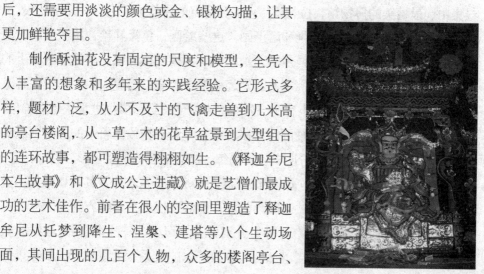

花草树木、飞禽走兽都布置得疏密得当，错落有致。连小到几厘米的人物塑像，从五官四肢到形态衣着，都塑造得惟妙惟肖。《文成公主进藏》生动描绘了文成公主与松赞干布完婚这一藏汉民族友谊见证的历史事件，整体油塑刻画了"五难婚使""许婚赠礼""辞别长安""过日月山""柏海远迎""完婚"六个典型场景。画中人物个性鲜明，形象生动，既表现了文成公主的聪明美丽，又突出了松赞干布的机谋深沉。

拉卜楞寺陈列酥油花的地点在主体建筑大经堂前的"道加塘"广场。每逢正月十五日晚，这里便拥挤着来自甘肃、四川、青海等省藏区的僧俗及游客。众僧列队朗诵经文，善男信女朝佛进香，四周佛灯并燃，香烟缭绕，灯月交辉，整个寺院人山人海，热闹非凡。这一充满智慧的艺术创造，引起朝拜者极大的兴趣，并对其肃然起敬。酥油花是拉卜楞寺的骄傲，是藏族文化艺术魅力之所在。它蕴含了藏族的历史、风俗、伦理道德以及审美情趣，其观赏价值、艺术价值和研究价值在世界文化艺术中独树一帜。

绘画

拉卜楞寺不断地制作和陈列佛像、壁画和唐卡，教民们也将自己制作的佛像精品送到寺院奉献给神佛，以为善业、还愿。这样年复一年，寺院变成了艺术品最集中、最精美的博物馆，拉卜楞寺现保存完好的佛像成千上万，无以计数。

拉卜楞寺的绘画包括壁画和唐卡画。这些绘画，色泽鲜艳，层次分明，笔法细腻，惟妙惟肖，给人以强烈的艺术感受。直接绘在墙壁、梁柱和顶棚上的画称为壁画，壁画内容包括佛本生、佛经故事、佛像、历史人物、医学图解等高僧大德和著名学者为主，也有一部分反映了僧侣的日常修行进学，色泽鲜艳，充满生活气息。唐卡画即卷轴画，绘在布幅上，十分精致。唐卡的内容则以佛像和佛本生故事为主，线条分明，技法精练，富有浓郁的民族色彩。

坛城源于印度佛教密宗，藏语称"吉科子"，系密宗本尊及其眷属聚集的道场。古代印度密宗修习"密法"时为防止"魔众"侵入，遂筑方圆的土坛，安请诸尊于此以祭供。坛城共有4种，分别为：大坛城、三昧耶坛城、法坛城、羯磨坛城。其中，大坛城和羯磨坛城与佛教美术的关系尤为密切。大坛城以绘画平面表现诸佛菩萨，羯磨坛城则以雕塑立体表现诸佛菩萨。制作过程是先将细沙筛选为颗粒大小差不多的沙堆，洗去泥土，用不同颜料分别染成所需的各种颜色，再将其装在特制的形如牛角的铁筒内，筒口留仅能流出细沙的小孔，然后在沙盘内用不同颜色的细沙堆绘成佛经所规定的各位金刚的图案。

拉卜楞寺的堆绣艺术亦堪称一绝。它是用各种色彩的绸缎剪成所需各种形状，如佛像、人物、鸟兽、山水、花草、虫鱼等，绣在布幔上，底部垫以羊毛、棉絮等填充物，中间凸起，给人以立体感，宛如一幅浮雕。堆绣的造型多以佛像、人物、鸟兽、山水、花草为主，展现佛经故事。正月亮佛节所悬挂的释迦牟尼像就是一幅堆绣，它长宽各达三十米左右，是用上等的丝绸缝制而成，造型逼真，栩栩如生。

（二）戏剧、音乐、舞蹈

每年拉卜楞寺有 7 次规模较大的法会，其中以正月祈愿法会和七月"说法会"声势最为浩大。届时，除集会听经或辩经外，还要在大经堂广场外进行圣僧米拉日巴劝化猎夫贡保多杰为主要内容的戏剧表演。表演者全为寺内舞僧，并有执鼓钹号的僧人乐队。

藏戏

传统的藏戏属于广场戏，所有演员都在场上，没有严格的台前幕后之分，表演空间相对比较自由。演出的节奏比较缓慢，一部完整的戏可以演两三天，甚至五六天。但经过不断的改造与创新，正在逐渐向舞台化过渡。

音乐

拉卜楞寺乐队又称"嘉木样乐队"，其规模与影响在藏区其他寺院实属不多。嘉木样乐队始创于一世嘉木样时期。据传，第一世嘉木样从西藏归来的途中，随从僧人要求奏乐，大师说："按佛规是不应当奏乐，你们要奏就奏吧!"于是拉卜楞寺僧人奏乐从此开始。第四世嘉木样于 1897 年去北京雍和宫谒见光绪皇帝时，顺路去山西五台山朝拜。在五台山他受到隆重

的接待，特别是乐队演奏的乐曲给他留下了深刻的印象。他把五台山和清朝宫廷的乐谱带回拉卜楞寺，亲自指导僧人演奏。拉卜楞寺乐队也从那时起使用了藏文工尺谱，并对原有乐队进行了改造，使得嘉木样乐队日臻完善，形成较大规模。当时的乐器、人员均为数不多，经过一百多年的发展，嘉木样乐队演奏的曲子虽然与原谱有了差异，但仍然保留了清朝宫廷音乐的基本曲调。在某些清宫音乐已经失传的情况下，拉卜楞寺还保存着基本完整的曲谱，这就显得尤为珍贵。比如，清宫曲谱中的《万年欢》已经失传，而在嘉木样乐队却还完好保存着。发展到今天，在禳灾钦木（法舞）中由二十人组成。其中钹五、鼓十四、大号二、骨笛二、唢呐二。正月十四日钦木（法舞）也由二十余人组成，其中鼓十一、钹八、大号四、骨笛四。其间，乐曲雄浑，和谐整齐，并因浓重的宗教气息而震撼心灵。藏戏由僧人乐队伴奏，其著名剧目有《松赞干布和文成公主》《智美更登》《诺桑王子》《卓瓦桑姆》《赤松德赞》等。

拉卜楞寺院的宗教舞蹈钦木

"钦木"是寺院宗教法事活动的一项重要内容。钦木，也有的译为羌姆，意为"跳"。但钦木专指与宗教内容有关的面具舞。具体指舞者戴上具有象征寓意的面具，表达宗教奥义，集诵经、音乐、舞蹈三位一体的寺院舞蹈。这种法舞是各寺院法会上的跳神舞。经过各代宗教大师们的相继改进和规范，又作为宗教仪轨，世代传承。

钦木的表演没有任何对白和唱词，基本上是哑剧性的舞蹈表演。主要通过一些具有象征意义的舞步和手印来镇压魔鬼、酬谢神灵、教化众生积德行善，脱离苦海，进入极乐世界。

拉卜楞寺院钦木，主要有正月十四日的钦木、农历三月初六的奠基法会钦木、农历三月十五日的时轮金刚根本续法钦木和农历九月二十九日的禳灾钦木。

结语

拉卜楞寺不仅是安多藏区的宗教信仰中心，更是一座宏大的佛教文化、艺术博物馆，是中华文化的重要组成部分，它博大精深，绚烂璀璨，需要我们进一步的了解和研究。

中国藏传佛教建筑

扎什伦布寺

扎什伦布寺，全名为"扎什伦布白吉德钦曲唐结勒南巴杰瓦林"，意为"吉祥须弥聚福殊胜诸方州"。扎什伦布寺已经有五百多年的历史了。它位于日喀则城西北的尼玛日山上，依山而筑，殿堂叠耸，气势恢弘，是藏传佛教格鲁派六大寺之一。这座象征吉祥的寺院，以其金碧辉煌的建筑、精美绝伦的艺术、源远流长的历史，留给了世人太多的惊叹，是藏族人民伟大智慧的结晶。

一、佛缘圣土　百年慈悲

（一）一代大师与扎什伦布寺

扎什伦布寺，又称为"吉祥须弥寺"，它坐落在日喀则（藏语意为"最好的庄园"）市西面的尼玛山上，是日喀则地区最大的寺庙，与拉萨的哲蚌寺、色拉寺、甘丹寺以及青海的塔尔寺和甘肃南部的拉卜楞寺并列为格鲁派的六大寺庙。

扎什伦布寺至今已经有五百多年的历史了，虽然历经了近五个多世纪风雨的洗礼，它依然以恢弘的气势、绚丽的色彩、庄严的殿宇而闻名于世。清朝驻藏大臣和琳曾写诗赞美道："塔铃风动韵东丁，一派生机静空生。山吐湿云痴作雨，水吞活石怒为声。"意思是说，扎什伦布寺殿塔上的铃在风中悠然作响，悦耳动听。从寺中远望日喀则年楚河谷，则是一派生机，而身处寺中静感从空中油然而生，恬静安温。空中云彩从山坳缓缓吐出，云彩堆积浓密如雾雨，从静中忽生出水吞活石的怒声。由此可见，扎什伦布寺周围环境优美、景色宜人。1961 年 3 月，扎什伦布寺被国务院列为国家重点文物保护单位。

扎什伦布寺最初是由宗喀巴的第八弟子、被后世格鲁派追认为第一世达赖的根敦珠巴所创建的。关于根敦珠巴投身佛教，还有一个有趣的历史故事：根敦珠巴幼年时因为家境贫寒，不得不到寺院中乞讨，由于他经常以身着黄色袈裟、剃了头发的打扮前去，因而被众僧称为"尊穷阿觉（背诵经文的幼僧）"。他的这些举动，很快就引起了当时担任纳塘寺第十四任法座（堪布）的珠巴喜饶的注意。他认为，如果对这样一个聪明执著的男孩加以培养，他将来很可能会在佛教中作出巨大的贡献。于是等根敦珠巴再一次到纳塘寺去乞讨时，他把根敦珠巴叫到身边加以点化，并为其受了戒。因为所起法名与根敦珠巴出生时的名字相同，人们又称根敦珠巴为"尊穷白多"。

进入佛教的殿堂以后，根敦珠巴资质勤敏，好学不倦，20 岁就受了具足戒，学释量论，经常往返于各寺院间弘法教义，他的德行和威望渐渐深入人心。到 24 岁时，他前往前藏，成为从事喇嘛教改革的藏传佛教格鲁派（黄教）的创立者、佛教理论家宗喀巴的门下弟子。作为宗喀巴大师八大弟子中最年轻的一位，根敦珠巴对格鲁派的形成和发展的贡献也是最大的。他德才兼备，著作等身，精通经典，在修行、学识、文章、佛法功业上的成就都十分令后人景仰。因此，达赖班禅转世系统成立以后，藏人也把宗喀巴、克珠杰和根敦珠巴叫做"师徒三尊"。

公元 1447 年，一世达赖根敦珠巴为了纪念去世的经师希饶僧格，聘请了本地和尼泊尔工匠在日喀则精制了一尊 2.7 米高的释迦牟尼镀金铜像。为安放此像，根敦珠巴在帕竹政权的资助下，于同年 9 月开始动工修建寺院，历时 12 年寺方建成，根敦珠巴任第一任法台，将所造之像置于该寺净室内。当时寺院定名为"岗坚典培"，意为雪域兴佛寺。后来，根敦珠巴将其更名为"扎什伦布巴吉德经钦曲唐结勒南巴杰瓦林"，意为吉祥须弥聚福殊胜诸方州，简称"扎什伦布寺"，表达了"吉祥幸福"的美好祝愿。

（二）扎什伦布寺的盛势五百年

公元 1459 年，扎什伦布寺建成，并已拥有大小佛堂 5 座，供奉佛像 12 尊，僧侣 200 人。该寺的修建工程在根敦珠巴的任期内一直未停止，至其圆寂后，又陆续修建了密宗佛殿、大经院、展佛台，大小佛殿增至 7 座，供奉佛像达 53 尊，布于殿堂和讲经场四壁的彩绘、石刻佛像约 2000 尊。在寺内建立了铁桑林、夏尔孜和吉康三大扎仓（僧院），住寺僧侣达 1600 余人，至此，扎什伦布寺成为格鲁派在后藏的根本道场。

公元 1601 年四世班禅大师罗桑曲结坚赞（1570-1662 年）就任该寺第十六任法台。他入主该寺后，通过到各地讲经说法的方式募集资金，扩建寺院。在这六十年间，

扎什伦布寺

除了重修和扩建了旧有的殿堂以外，他又新建大小殿堂10余座。他还利用在拉萨等地募集到的铜铁和金箔修建了两座金瓦殿。由于罗桑曲结坚赞的苦心经营，当时寺况盛极一时，寺中僧侣达5000余人，有房室3000余间，属寺51处，僧侣4000余人，拥有庄屯和牧区部落各10余处，扎什伦布寺成为格鲁派在后藏最大的寺院，取得了与拉萨的哲蚌寺、色拉寺、甘丹寺三大寺同等的地位。此后，该寺成为历代班禅额尔德尼的驻锡地。

四世班禅之后，历代班禅大师都对寺院进行过修葺和扩建，于这一时期扩建的主要建筑和机构有印经院、时轮扎仓、甲纳拉康（亦称汉佛堂）、未来佛殿、伏魔大佛塔和佛殿、经堂、僧舍多座。

自四世至九世班禅大师圆寂后，历代班禅大师的肉身均供奉于灵塔之中，后世为供放这些灵塔，修建金顶祀殿，可惜后来此殿的大部分建筑因故被毁。

1984年，国家拨款重建扎什伦布寺。在十世班禅确吉坚赞的主持下，五世至九世班禅的合葬灵塔和祀殿历时四年竣工，定名为班禅东陵"扎什南捷"（吉祥胜利之意），后经不断扩建和修葺，扎什伦布寺才逐步成为铜佛高耸、金碧辉煌、雕刻精美、壁画生辉的宏伟建筑，并成为后藏地区政治、经济、文化和宗教的中心。

（三）扎什伦布寺与藏传佛教格鲁派

说到藏传佛教格鲁派，就不得不说扎什伦布寺创建人根敦珠巴的师傅——格鲁派的创建人宗喀巴。他系统地学习过藏传佛教噶当派的教法，接受了噶当派思想体系。此外，他还师从藏传佛教各派诸多大师，把噶当派和其他派别大德的显密教法熔为一炉，形成他自己的教法体系，为他后来建立格鲁派打下了基础。

当时，宗喀巴所处的时代正是教派僧人纷纷以战争的方式争夺权力、佛法宗教无人问津之时，这种状况导致寺庙戒律松弛，僧人放荡自恣。面对这种混

中国藏传佛教建筑

乱的局面，大师立志改革，于是，他先从自己于1409年建立的甘丹寺下手，规定寺中僧人必须严守戒律，规定佛制；树立讲听之风，僧人必须研学经典，制定学习规程；在管理寺庙方面，制定了一些寺庙组织体制和僧人的生活准则，同时，他自己亦以身作则，戴上与过去的持律者们同样的黄色的帽子以表严守律戒，后世追随者也戴黄色僧帽，故格鲁派又被称黄教。

如果说格鲁派之创建始于宗喀巴，那么使其发展并自成一派，则是大师的众多弟子经过共同努力达成的。宗喀巴圆寂后，弟子们本着大师遗愿，发扬其宗风，又分头建寺，先后建立的哲蚌寺、色拉寺与母寺之甘丹寺，合称为拉萨的三大寺。后来又修建起扎什伦布寺，合称为格鲁派的"四大寺"，各寺内均成立学院，分科修学显教。此后，又相继成立了上下密乘院。这些道场的建立使大师制定之显密教法大为弘扬。

继宗喀巴大师的弟子甲曹吉后住持法座后的为克珠吉。此后法位继承人延续采用甘丹赤巴制，推选精通显密教理并通过了严格考试的人来担任，这样保持了优良宗风稳定不变。

由甘丹主寺最早发展出来的为哲蚌寺，该寺创建人为扎西班丹。扎西班丹是宗喀巴的大弟子，他承奉大师指示，于公元1416年建立哲蚌寺，以实施一代宗师宗喀巴的教学改革计划。此后第二、第三、第四世达赖均在此坐床。公元16世纪时，哲蚌寺认定根敦嘉措为宗喀巴弟子根敦珠巴转世，根敦嘉措作为第二世达赖，追认根敦珠巴为第一世，并创立达赖的活佛转世制度，用教主制来保证格鲁派的发展。

继一世达赖根敦珠巴和二世达赖根敦嘉措之后，索南嘉措成为三世达赖。相传在蒙古地区传教期间，索南嘉措与土默特部首领俺答汗在青海湖边相会，俺答汗赠送他一个称号"圣识一切瓦齐尔达喇达赖喇嘛"。其中，"瓦齐尔达喇"是藏语，是"执金刚"的意思，是对密宗方面有最高成就的人物的尊称。这就是达赖喇嘛在西藏的开始，也是蒙古信奉黄教的开始。

宗师弟子释迦耶协，通称降钦却吉

扎什伦布寺

（1352—1435年），公元1419年曾代表宗师朝拜明永乐皇帝，受封为大慈法王，回藏后将皇帝和帕竹政权官员的资助用于兴建色拉寺，以弘扬宗师的佛法学说。

五世达赖阿旺罗桑嘉措，被清廷封为"西天大自在佛所领天下释教普通瓦赤喇达喇达赖喇嘛"。这个封号又是汉蒙藏三种语言的混合，其中"普通"是"普遍通晓"的意思，也就是三世达赖封号中的"圣识一切"。他因得到蒙古固始汗的帮助，建立甘丹颇章宫，掌管西藏地方政教大权，于是格鲁派的政治和宗教合二为一，格鲁派的发展得到了可靠保证；扎什伦布寺僧又认定罗桑确吉坚赞为宗喀巴第二大弟子克珠吉的转世，从此，卫藏的政教合一制更加得到巩固。格鲁派的这种盛势，促成本派更加向外扩展，使黄教寺庙几乎遍及于阿里、康区、青海甚至边远的蒙古地区。公元1662年，第五世达赖就派霍尔阿旺然吉赴康，在康北甘孜修建了黄教第一座寺院——甘孜寺，以后发展为十三寺。

公元1447年，大师的弟子根敦珠巴为了能把大师正教弘传于后藏，于是在日喀则附近建扎什伦布寺。大师弟子喜饶僧格（1382—1445年），曾在师前领受传法衣帽，肩负起弘扬大师密教任务。此后，黄教大大小小的寺院渐渐群立，格鲁派渐渐出现空前盛势。

格鲁派的形成，标志着西藏佛教事业已发展到极盛时期。据统计，在公元1737年，仅格鲁派寺庙就有三千多座，僧侣更是达到了三十一万余人。在格鲁派众多的寺庙中，最著名的有甘丹寺（公元1409年建）、哲蚌寺（公元1416年建）、色拉寺（公元1418年建）和扎什伦布寺，这便是西藏地区著名的格鲁派四大寺院。四大寺中，甘丹、哲蚌、色拉三寺皆建于拉萨市郊，只有扎什伦布寺位于后藏日喀则市。

二、巧夺天工的圣殿灵塔

（一）一殿一史，传承佛法

扎什伦布寺整体建筑面南偏东，依照黄教经学院传统的建筑布局，以中心为殿堂，主要殿堂有错钦大殿、强巴佛殿等，每一所大殿都有其独特的历史和作用，可谓一殿一史。

错钦大殿：即大经堂，是扎什伦布寺最早的建筑，始建于公元 1447 年，至公元 1459 年落成，可容僧众 3800 人，是全寺从事法事活动的重要场所。大殿由 48 根朱漆大柱支撑，中央供奉有一个精雕细刻、庄严精美的宝座，这就是班禅大师的宝座。讲经场四壁为宗喀巴、克珠杰和根敦珠巴"师徒三尊"及历代祖师、大论师的画像，以及四大天王、各种飞天护法和释迦牟尼参禅图。尤其是释迦牟尼参禅图，其以丰富的内容、生动的形象、精细的画工、绚丽的色彩赢得世人的赞叹。这些壁画或组合成组，或三两相应，座间又以山水、猛虎、法螺等佛家吉祥物交相辉映，是极为罕见的艺术珍品。在大殿的左侧，是阿里古格王于公元 1461 年资助扩建的大佛堂，佛堂中间供奉着一尊高 11 米的弥勒佛像，佛像面部形态慈善和蔼、端庄娴静，这是藏族工匠和尼泊尔工匠共同塑造的，也是中尼两国人民长期友好合作的历史见证。弥勒佛像两旁是一世达赖根敦珠巴亲自塑造的观音菩萨和文殊菩萨像，也是扎什伦布寺最古老的塑像，象征着藏传佛教里的达赖和班禅。在大殿堂右侧，则是度母佛堂，里面安放着高 2 米的白度母铜像。在西藏文化里，度母被称为"卓玛"，是观世音菩萨的化身。以颜色来区分，现为二十一尊度母，其中，最受人们尊敬的是白度母和绿度母。白度母在西藏人民心中的形象是非常优美的：她头戴花冠，发髻高耸，双耳坠着大耳环，上身斜披络腋，双脚盘坐在莲座上，左手持莲花，右手掌向外，表现出一种慈悲为怀的形象。传说白度母非常聪明，

又以慈悲为怀，愿意帮助人们渡过难关，所以人们有难总爱求助于她，并称之为"救度母"。在白度母两旁则是泥塑的绿度母。在白、绿度母的背后则是二十一度母的壁画。经堂的整个环境弥漫着一种修行炼法的浓厚古韵。

强巴佛殿：在扎什伦布寺西侧，有一座宏大殿宇，这就是强巴佛殿，藏文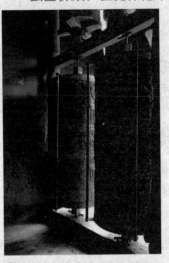叫做强巴康，也就是未来佛、弥勒佛的意思。大殿由九世班禅曲吉尼玛于 1914 年主持修建，殿高 30 米，建筑面积 862 平方米，共分为五层，层层收拢高出。每层顶角都卧有雄狮一尊，显得庄严肃穆。殿顶金碧辉煌，殿檐铜铃作响，殿堂以铜柱支撑，是建筑艺术上的巅峰之作。显然，强巴佛殿的强巴大铜佛像是最引人注目的。强巴佛蹲坐在高达 3.8 米的莲花基座上，面部朝南，俯瞰着寺宇，佛像高 26.2 米，肩宽 11.5 米，脚板长 4.2 米，手长 3.2 米，中指周长 1.2 米，耳长 2.8 米，是巨型雕塑行列中的珍品，也是世界上最高最大的铜塑佛像。铸造这尊佛像，由 110 个匠花费 4 年时间才完成，共耗黄金 6700 两、黄铜 23 万多斤。佛像眉宇间白毫镶饰的大小钻石、珍珠、琥珀、珊瑚、松耳石 1400 多颗，其他珍贵装饰则更是数不胜数。

（二）金塔玉殿，皇家渊源

扎什伦布寺的"甲纳拉康"，即汉佛堂，是西藏独具特色的佛堂。这是因为，佛堂内的文物有力地证明西藏地方与历代中央朝廷的隶属关系，它是扎什伦布寺的一个小型汉、藏交往史的"博物馆"。佛堂内珍藏着历代皇帝赠给班禅的永乐古瓷、金银酒盏、茶碗碟盘、玉石器皿、纺织品类等诸多礼品。最著名的是唐代的九尊青铜佛像，相传是唐代文成公主进藏和亲时带进藏的。引人注目的还有一尊骑在野猪上面的赤身女度母铜像，这是元朝时期的工艺品；还有清朝皇帝赐给班禅的一枚重 16.5 斤，上镌汉、蒙、藏三种文字的金印。此外，还有宝石佛珠、封诰敕书、经卷等。汉佛堂偏殿，有一清朝驻藏大臣与班禅的会晤堂。在正殿，挂着清朝乾隆皇帝身穿袈裟、手端法轮的大幅画像，这是北京故宫的原物。画像下立有道光皇帝的牌位，上写有"道光皇帝万岁万岁万万

中国藏传佛教建筑

岁"文字。每逢皇上下诏，班禅都要在皇帝牌位前叩首以谢恩。

关于藏传佛教与历代中央朝廷的历史渊源，最早可以追溯到唐太宗时代，因为佛教在西藏的产生还与西藏和中央朝廷的一个重大历史事件有关，这就是文成公主进藏。公元 7 世纪前期，吐蕃族出现了一位杰出领袖名叫弃宗弄赞，西藏的佛教史则称之为松赞干布。他骁勇善战、足智多谋，用武力征服了青藏高原的许多部落，建立起强大的奴隶制政权，成为青藏高原各部落的霸主。松赞干布也是一位开明的领袖，他景仰当时汉族唐朝的文明，于是派使者来到长安表示愿结友邻。贞观十四年（公元 640 年），松赞干布派遣他的大相（职同宰相）禄东赞送上黄金 5000 两，珠宝数百件到长安聘婚。唐太宗以五件难事刁难使臣，其中之一就是要使者认出百匹母马与百匹驹马的母子关系。聪明的使臣见招拆招，将母马和驹马分别圈起来，并断绝驹马的饮水和草料，过了一两天之后，再将这些马匹全部放出，这时，壮观的景象出现了：母马瞬间就找到了自己的小马驹。禄东赞就这样地一一解决了五个难题，唐太宗十分高兴，答应了唐、藏通婚的请求，以文成公主入藏。文成公主入藏给藏族人民带去了丰厚的嫁妆，其中包括诗文、经史、农事、医药、天文、历法等书籍，还有谷物、蔬菜、果木种子以及各种精美的手工艺品，还带去了各种技术工匠和一支宫廷乐队。由于文成公主是虔诚佛教信仰者，所以还带去了一尊佛像，还在拉萨修建起著名的大、小昭寺，随公主前来的工匠也陆续修建寺庙，随同前来的佛教僧人开始翻译佛经，佛教开始从尼泊尔和汉地传入西藏。

继藏汉友好的历史之后，公元 710 年，唐中宗派专使和吐蕃的迎亲使者一起护送金城公主入藏嫁墀德祖赞，送亲队伍中也带了大批佛教僧人。金城公主入藏以后，致力于维护外地在藏之佛教徒，有意引佛教入藏。至墀德祖赞晚年，相传他曾派桑希等人（或谓桑希为留藏汉人后裔）到长安取佛经，此时吐蕃赞普已经重视佛教。

藏传佛教与中央政府的密切交流集中出现在元代。公元 1260 年，忽必烈封八思巴为国师，赐玉印，授权他总管全国的佛教事务。在这个时期，忽必烈在中央政府中设立总制院（到公元 1288 年改名为宣政院），作为掌

扎什伦布寺

管全国佛教事务和藏族地区行政事务的中央机构，并命国师八思巴领总制院事，国师之下设总制院使掌管日常事务，院使之下还有同知、副使、金院等官员。宣政院自己有一定的人事权，其官员中有僧人，也有俗人，有蒙古贵族，也有藏族人，担任过宣政院院使的最著名的藏族人是忽必烈的丞相桑哥。宣政院使作为朝廷重要官员，是由皇帝直接任命的，这就确定了八思巴建立的西藏的行政体制从一开始就是与元朝中央的行政体制相联系的，是元朝行政体制的一部分。而且八思巴统领天下释教，特别是统领藏传佛教各派寺院和僧人，又同时领总制院事的这种身份，标志着忽必烈和八思巴对西藏行政体制的设想是政教结合、僧俗并用的一种行政体制。元朝在藏族地区设置的各级机构的高级官员，由帝师或宣政院举荐，上报皇帝批准，授予金牌、银牌、印章、宣敕。

公元 1264 年，忽必烈派八思巴和他的弟弟恰那多吉从大都动身返回西藏，临行时，忽必烈赐给八思巴一份《珍珠诏书》，并封恰那多吉为白兰王，赐给金印。八思巴于公元 1265 年返回西藏后，依照西藏各个地方政教势力管辖范围的大小，将他们划分为千户和万户，委任各政教首领担任千户长和万户长，归属元朝扶植的萨迦地方政权管理，其最高首领就是八思巴。

公元 1269 年，八思巴返回大都，进献他遵照忽必烈的诏命创制的蒙古新字，忽必烈晋封他为帝师。八思巴以后是历任帝师。当帝师住在大都时，萨迦政权即由萨迦寺的住持即通常所说的萨迦法王负责，帝师和萨迦法王都是出家僧人。

八思巴每得到一种新的图书，总要命人抄写、译校，保存在萨迦。一些重要的佛经，往往还要用黄金、宝石研成粉末和汁液书写，以期长期保存。这些佛教经典都珍藏在萨迦寺内，萨迦南北两寺当时都有数量众多的藏书，仅萨迦南寺的藏经墙，保存至今的佛教典籍就多达六万多函，其中还有不少旷古稀世的贝叶经文献，以其抄写精美、规格宏大而著称于世。在元代，西藏还编纂和缮写过好几部大藏经。最负盛名的莫过于纳塘本大藏经，和布顿及蔡巴·贡噶多吉分别编纂的《丹珠尔》和《甘珠尔》目录。它们对后世的大藏经木刻版的编纂和刊印都产生了重要的影响。

元顺帝时期，噶玛噶举派三世活佛攘迥多吉（1284—1339年）曾两次受元朝皇帝的召请到大都传法，元顺帝曾封他为"圆通诸法性空佛噶玛巴""灌顶国师"，并赐玉印、封诰等。噶玛噶举派四世活佛乳必多吉（1340—1383年）也很有名，公元1356年元顺帝就传旨命他进京，他于公元1358年从楚布寺出发，公元1360年到达大都，在元顺帝宫廷中活动了四年，被封为"大元国师"，赐给他玉印，公元1363年他离开大都回藏。他的侍从人员中还有被封为国公、司徒的，都得到赐给的印信封诰。

藏传佛教与中央政府建立密切关系的另一个时期是清朝。公元1645年，固始汗派其子多尔济达赖巴图尔台吉到北京，上书顺治帝，表示对清政府的谕旨"无不奉命"。他还与五世达赖喇嘛共同遣使清朝"表贡方物"，受到清朝的赏赐。自此之后，蒙古和硕特部汗王与西藏地方宗教首领几乎年年必遣使莅京，通贡不绝，清朝也厚给回赐。

公元1652年，顺治帝在北京南苑以狩猎的形式，不拘礼节地迎接会见了五世达赖喇嘛，还赏给金、银、大缎、珠宝、玉器等大量礼品。达赖喇嘛为专程自大漠南北、山西五台山赶到北京的蒙古科尔沁秉图王及汉族僧侣，为御前侍卫拉玛，为成百数千人讲经传授各种法戒，撰写启请、发愿、赞颂及祭祀祈愿文等等，所接受的礼金、各类礼品、法器以及社会各阶层馈赠的礼品不可胜数。

公元1653年，顺治帝赐给五世达赖喇嘛金册金印，封他为"西天大善自在佛所领天下释教普通瓦赤喇恒喇达赖喇嘛"。自此，清中央政府正式确认了达赖喇嘛在蒙藏地区的宗教领袖地位，历辈达赖喇嘛经过中央政府的册封遂成为制度。同时，清政府还给固始汗赍送以汉、满、藏三体文字写成的金册金印，封固始汗为"遵行文义敏慧顾实汗"，承认他在藏族地区的汗王地位。

藏传佛教艺术也伴随着藏传佛教与中央政府的密切交往而被介绍到内地，主要包括佛塔、佛寺的兴建和金属、石刻造像及木刻。其中有许多重要文物遗留至今，如北京妙应寺白塔、居庸关云台、杭州飞来峰密教石刻等。

扎什伦布寺

三、华宝璀璨的佛宝收藏

（一）圣僧灵塔——镶珠嵌宝的建筑杰作

扎什伦布寺的灵塔是历代班禅的舍利塔。舍利，梵语音译为"设利罗"，译成中文为灵骨、身骨，是有大德的高僧圆寂以后，经过火葬后所留下的结晶体。佛经上说，舍利是一个人透过戒、定、慧的修持、加上自己的大愿力所得来的，

所以一般只有德行和修为高深的大师圆寂后才能在其骨灰中找到舍利子。

四世班禅罗桑确吉（1567—1662年）的灵塔十分豪华，是扎什伦布寺最早的灵塔殿。这座灵塔殿堂，于公元1666年建成，灵塔高11米，花费黄金2700余两，白银3.3万两，铜7.8万斤，绸缎9000余尺，此外，还有珊瑚、珍珠、玛瑙、松耳石等宝石共7000多颗，雍容华贵。

四世班禅罗桑确吉是西藏历史上极有影响的人物，班禅活佛转世系统就是从他开始的。他担任该寺的第十六任法台后，弘法教义、广收弟子，创办了"默朗"大会，并规定会制，修建了礼玛拉康和阿巴扎仓（密宗院）。据史料记载，当时藏巴汗王对格鲁派进行了残酷的迫害，罗桑确吉和五世达赖喇嘛罗桑嘉措共商对策，协助固始汗率兵进藏消灭了藏巴汗，完成了西藏的统一。公元1645年，固始汗给罗桑确吉赠送了"班禅博克多"的尊号。"班"是维吾尔语智慧之意，"禅"是藏语大的意思，"博克多"是蒙古语对睿智英武人物的尊称。班禅活佛转世系统从这时正式建立起来了，并被认为是"无量光佛"的化身。由于他对格鲁派作出的突出贡献，僧徒们为纪念他，建造了这座豪华的灵塔殿堂。

五至九世班禅合葬灵塔殿"扎什南捷"，一度曾遭到重大破坏，1985年起，中央拨专款780万元、黄金217.7斤、白银2000斤、紫铜11277.5斤、水银1330斤，宝石、珍珠适量以及大量建材，修复了该塔。扎什南捷总面积为1933

中国藏传佛教建筑

平方米，高 33.17 米。灵塔由银包金裹嵌满珠宝，塔基为四方形，四个台阶象征须弥山的四个阶层；灵塔上有半月形、太阳形和火焰形饰物：太阳象征宇宙，火焰象征苍天，月亮象征空气。屋顶覆盖紫铜镏金，小金顶以精美的法轮、金羊装饰。灵塔殿四壁以绘有历代高僧的画像装饰。塔身内安放五世到九世班禅的遗骨，宝瓶处安装有九世班禅曲结尼玛的塑像；底层装有黄金豌豆粒大小各一块、白银马掌两个、各种粮食共 16823.15 公斤等，物品达数种之多；塔瓶下部的经书有《甘珠尔》1 套，各宗教大师的传、经论 1263 部，木刻印刷佛像 6797 张，各种类型的经书 595820 张。十世班禅大师曾说："扎什南捷的建成，是藏汉人民共同劳动的结晶，是西藏广大僧、俗人民爱国主义精神的具体体现，是藏汉民族团结的象征。"

"释颂南捷"是第十世班禅额尔德尼确吉坚赞大师灵塔祀殿。这座灵塔内存放着圆寂于 1989 年的十世班禅大师的法体，他的塑像立于灵塔前。关于灵塔位置的来由，还有这样一个故事：1989 年，班禅大师在阔别日喀则很长时间之后，重返扎什伦布寺，当他漫步于寺中的时候，看到寺中的 3 栋主要建筑，但是 3 栋建筑的中间却空出了一块地方，便说这样闲置着实在可惜了。没想到一语成谶，几天之后，大师就因为操劳过度而圆寂了，后人为了纪念他，就把他的灵塔修在大师曾经感觉闲置了可惜的空地上。大师生前是我国一位伟大的爱国主义者、中国共产党的忠诚朋友、中国藏传佛教的杰出领袖。大师圆寂之后，国务院拨款为大师修建一座供奉法体舍利的金质灵塔，这座灵塔命名为"释颂南捷"，意为天堂、人间、地下三界圣者的灵塔祀殿。

"释颂南捷"大殿总建筑面积为 1933 平方米，高度为 35.25 米。祀殿主体为钢筋水泥框架结构，用花岗岩砌成，殿墙厚度达 1.83 米，达到八级防震要求。"释颂南捷"是 20 世纪 50 年代以来国家投资最多、建筑规模最大的一座寺院灵塔。灵塔以金皮包裹，遍镶珠宝，共用宝石 868 个、珠宝 24 种共 6794 颗，其中大小钻石 4 颗、猫眼石和玛瑙 587 颗、松耳石 1627 颗、红珊瑚 1760 颗、白珊瑚 587 颗、翡翠 46 颗，还有大陨石 1 个、金制"噶乌"（护身符）13 个、琥珀 445 个。塔内装藏十分丰富，底

扎什伦布寺

层装有各种粮食、茶叶、盐、碱、干果、糖类和药材、袈裟、藏装，还有金雕镶嵌马鞍1个、银座2个、珠宝50多公斤、稀世珍宝《贝叶经》2卷、金汁书写的佛经1套，中层装有各种版本的藏经和历代班禅的经典著作，上层装有佛经和佛像。十世班禅大师的法体安好地放在众生福田的中央，周围摆有各种宗教用品、袈裟、唐卡、佛经、佛像。塔身覆盖具有民族、宗教特色的金顶，加上一排经钟，金光闪闪、雄伟壮丽。

（二）佛祖圣像——能工巧匠的旷世精品

在扎什伦布寺的强巴佛殿中，供奉着世界上最高的佛像——强巴佛。强巴佛，即汉地佛教的弥勒佛，是藏传佛教三世佛中的未来佛。三世佛即过去佛燃灯古佛、现在佛释迦牟尼佛和未来佛弥勒佛。"弥勒"是梵文的音译，意思是"慈氏"。据说此佛常怀慈悲之心。窥基在《阿弥陀经疏》中解释说："或言弥勒，此言慈氏。由彼多修慈心，多入慈定，故言慈氏，修慈最胜，名无能胜。"他的名字叫阿逸多，即"无能胜"。

由于弥勒作为未来佛在信徒心目中地位非常崇高，因此弥勒佛在佛教僧人的眼中形象应该是巨大的。资料表明，最大的弥勒木雕像在北京雍和宫万福阁（又称大佛楼）。佛像高18米，埋入地下部分8米，总长26米，由一根完整的白檀香木雕成。最大的石雕弥勒佛像则为四川凌云大佛，此佛立于四川乐山市岷江东岸凌云山上，大佛依断崖造成，坐像世称"乐山大佛"。通高71米，肩宽28米，雕像相好庄严，比例匀称，气魄雄伟，临江端坐，也是世界第一石刻坐佛像。而世界上最高的铜坐佛即为西藏日喀则的扎什伦布寺的强巴佛像，强巴佛呈坐姿，高26.2米，底座有3.8米，佛身高22.4米，肩宽11.5米，佛脸长4.2米。耳朵长2.2米，佛手长3.2米，中指粗1米，脚长4.2米，鼻孔内可容纳一个人。佛像面部上嵌满了珍珠宝石，眉宇中间有一颗圆圆的"白毫"，是用1颗核桃大的钻石、30颗蚕豆大的钻石、300颗珍珠，以及上千粒珊瑚、琥珀、

中国藏传佛教建筑

绿松石镶嵌的。整尊佛像用去黄金 278 公斤、紫铜 11.5 万公斤。强巴佛铜像坐北朝南，俯瞰着整个寺宇楼群，是藏族工匠巧夺天工的杰作。

在汉族的文化里，弥勒佛的形象都是双耳垂肩，笑口大张，袒胸露腹，一手按大口袋，一手持佛珠的形象。据说，这与一个名叫契此和尚的形象有关：据《宋高僧传》等记载，契此和尚是五代时明州（今浙江宁波）人。他经常手持锡杖，杖上挂一个大布袋，在江浙一带行乞游化。他身材矮胖，大腹便便，四处为家。他有一项特别的本领，就是能预知天气晴雨，天要下雨的时候，他就穿着湿布鞋；将是天晴的时候，他就换上木屐了，后来大家都发现他的预知非常灵验。由于他总是背着大口袋，故被民间百姓称为"布袋和尚"。后来，契此和尚在明州岳林寺庑下的一块磐石上坐化，圆寂前曾留下一偈子："弥勒真弥勒，分身千百亿，时时示时人，时人自不识。"于是后人认为他是弥勒转世，并按"布袋和尚"的形象塑成袒腹大肚、喜笑颜开的笑口弥勒像。

但是，在藏传佛教里，弥勒佛却是另一种不同的形象。强巴佛铜像的面庞和肌肤细嫩，看上去如有弹性，佛体丰满、线条优美。他盘坐于莲盘之上，端庄秀丽、雍容优雅，给人以一种娴静、慈祥的感觉，似乎在佛像的面前，所有的忧愁全部烟消云散。

（三）经典藏经——佛家思想的精华收藏

扎什伦布寺除了藏有价值连城的佛像、佛塔、唐卡等外，还有手写的《贝叶经》和用金粉抄写的正藏《甘珠尔》，包括经和律，副藏《丹珠尔》，包括论著等内容，《般若经》64 部及达赖、班禅、宗喀巴的典籍等。在时轮殿的四壁书架上藏有许多古代藏文经典，印经院藏有著名佛经和历世班禅传记的印版，其中以 30 多卷本的《宗喀巴传》最为有名，流传甚广。

（四）绝世袈裟——独一无二的华美珍品

"袈裟"又叫做"袈裟野"或"迦罗沙曳"，意思是"浊、坏色、不正色、赤色"或"染色"

之义。"袈裟"是僧尼们的"法衣",它是以衣服的颜色命名的,所以也可以把它叫做"坏色衣"或"染污衣"。关于袈裟的来源,有这样一种说法:和尚要游走四方化缘,他们化的可不止百家饭,还有百家衣。旧时社会经济不发达,寻常人家可能没有非常完整的衣服,所以有时候能捐助给和尚的甚至就是一些零碎的布头,和尚就把每户人家所施舍的布都缝制起来,做成衣服,这样的衣服是由成百块布拼凑而成的,所以也叫"百衲衣"。

扎什伦布寺的强巴佛现披的袈裟是世界上最大的袈裟。据说,该袈裟是1957年更换的,是强巴佛铜像第二次更换袈裟,更换袈裟的仪式由班禅大师亲自主持。我们可以想象得到,当初强巴佛铜像身披迎风招展的吉祥彩带,在震天的唢呐声和法号声中,披上雍容华贵的世界最大的袈裟的壮观场面。据说,该袈裟的制作,用了各种丝缎和绸缎3100多米,丝线26斤,还不包括花边丝。为了赶制这件新袈裟,六位裁缝师傅不分昼夜地缝制,花了一个半月才完工。新袈裟的做工非常精湛、完美,确实是一件精致华贵、价值连城的珍宝。

四、佛法传承，普度众生

（一）藏传佛教概况

佛教"前弘期"：对于佛教是如何传到西藏的，有这样一个有趣的神话故事：大约在公元 5 世纪，有一天，吐蕃王室的祖先拉托多聂赞在雍布拉康屋顶上休息，突然几件佛教宝物从天而降。国王琢磨了很长时间也弄不清楚它们的用途，正在百思不得其解之际，只听见空中传来一个声音说："在你的五代以后，将有一个懂得使用这些东西的赞普（吐蕃王朝的国王）出现。"后来，果然经历了五代以后，佛教就在西藏产生和发展了。

当然，这仅仅只是一个神话故事而已。藏文史籍说，那些佛宝是印度人带来的，但是当时的西藏人并不了解佛教，故佛教也没有产生和发展起来。佛教的传入，是随着文成公主进藏的历史事件发展起来的。相传文成公主笃信佛教，在她丰厚的嫁妆中，就有一尊宝佛像。公主进藏以后，将汉传佛教带到西藏，修建起拉萨著名的大、小昭寺，随公主前来的工匠也陆续修建寺庙，随同前来的佛教僧人开始翻译佛经，佛教开始从尼泊尔和汉地传入西藏。

松赞干布去世后，各方权贵展开权力之争，西藏陷入半个多世纪的动荡战乱之中。直到松赞干布的曾孙赤德祖赞时，佛教事业才得以大力发展。公元 710 年，赤德祖赞也向唐朝请婚，迎娶了金城公主。金城公主到吐蕃后，继续大力开展和发扬佛教事业，把文成公主带去的佛像移迁至大昭寺供奉，并安排随行僧人管理寺庙，开展各种宗教活动，以弘扬佛法。金城公主还广纳各方僧人，为他们修建了 7 座寺庙，但是，这些举措的开展并不顺利，引起苯教大臣们的强烈不满。他们极力打击和压制佛教，一直到赤德祖赞的儿子赤松德赞掌权后，佛教发展趋势才得到改善。

为巩固王权，赤松德赞以佛教为号召，打击借苯教发展异己势力的大臣。

他请来印度著名僧人寂护和莲花生。寂护大师曾主持第一座建有僧伽组织的桑耶寺奠基仪式。建寺后，为 7 名贵族子弟剃度出家，史称"七觉士"，开创了西藏佛教史上自行剃度僧人的先河。公元 750 年，莲花生大师接受吐蕃（西藏）国王赤松德赞迎请，来到吐蕃（西藏）弘法，创建桑耶寺，教授藏地皈依弟子，开创了西藏的密宗道场，发展了出家、在家两种僧团，从而奠定藏传佛教密乘之基础。

在邀请印度高僧的同时，赤松德赞还派近臣前往内地请僧人到西藏各地弘法教义。同时，请求唐朝派僧人去西藏弘扬佛法。其中，受人尊敬的大乘和尚摩诃衍，就是汉族僧人在西藏的杰出代表。此后，历代赞普都大力提倡佛教，兴寺建庙，翻译佛经，以僧人参政的制度形式削弱大臣权势。

王室利用佛教巩固王权的行为，激化了与苯教大臣的矛盾。公元 842 年，苯教大臣趁机谋害了国王赤松德赞，掀起一场大规模的灭佛运动，佛教受到重创。此后的很长一段时间内，西藏陷入各个势力割据一方的混战分裂状态，藏传佛教"前弘期"至此结束。

佛教"后弘期"：公元 10 世纪初，原割据一方的吐蕃权臣，形成了各地的封建势力，由于他们积极开展兴佛活动，佛教又得以在西藏复兴。此时的佛教是在与苯教进行的三百多年斗争的产物，佛教与苯教互相吸收、互相融合，并随着封建因素的增长，逐渐完成了其西藏化过程，故此时的佛教与吐蕃佛教相比较，无论在形式或内容上都有很大不同。藏传佛教的形成标志着佛教步入"后弘期"。

到 11 世纪中叶以后，佛教又分支为宁玛、噶当、萨迦、噶举、格鲁、希解、觉宇、觉囊、郭扎、夏鲁等教派。后 5 个教派由于势小力弱，先后融于其他教派或被迫改宗其他教派，均消失于历史长河之中。影响较大则有格鲁派（黄教）、宁玛派（红教）、噶举派（白教）、萨迦派（花教）、噶当派 5 个教派。

格鲁派（黄教），是 15 世纪西藏佛教史上的著名宗教改革家宗喀巴在推行宗教改革过程中形成的，也是藏传佛教中形成最晚的一个教派。宗喀巴生在佛教日渐腐朽、在社会上逐渐失去民心的时代。面对这种令人痛心疾首的局面，宗喀巴以重视戒律为

号召，自戴黄帽以示自律，同时，到处讲经说法，著书立说，抨击僧人不守戒律，积极推进西藏佛教改革。他还发起祈愿大法会，法会后，宗喀巴建立著名的甘丹寺，创建起严守戒律的格鲁派（格鲁，藏语意为善律）。黄教创建后，其弟子又秉承其志，相继建立起哲蚌寺、色拉寺、扎什伦布寺、塔尔寺、拉卜楞寺，它们与甘丹寺一起并称为格鲁派的六大寺院，在格鲁派后世的发展中，各地的寺院如雨后春笋般群起林立。此外，达赖、班禅两个最大的活佛转世系统也是由黄教创建的。由于宗喀巴及其追随者戴黄色僧帽，故又称"黄教"。

宁玛派（红教），产生于公元11世纪，是藏传佛教中最早产生的一个教派。该教派重视寻找和挖掘古代朗达玛灭佛时佛教徒藏匿的经典，并认为自己是公元8世纪吐蕃时代传下来的，因而古旧，所以称宁玛（藏语意为古、旧）。宁玛派的思想深受汉族佛教影响，因此与内地禅宗"明心见性"说法相似。宁玛派的传播很广，不仅沿袭于中国藏区，在印度、尼泊尔、希腊、美国等国也均有发展。事实上，该教派也吸收和保留了大量苯教色彩。由于该教派僧人只戴红色僧帽，因而又被称为"红教"。

噶举派（白教），创始于11世纪，重视密宗学习，而密宗学习又必须通过口耳相传，故名噶举（藏语口传之意）。噶举派实力雄厚，支系最多，在过往的岁月里，有的支系直接控制着西藏地方政权，有的则是独占一方的封建势力。因该教派创始人玛尔巴和米拉日巴在修法时都穿白色僧裙，故噶举派又被称为"白教"。

萨迦派（花教），创始于1073年，出现过历史上著名的"萨迦五祖"。其中，萨迦五祖之一的八思巴成为元朝中央的高级官员，被封为"国师""帝师""大宝法王"，萨迦派也由此成为元朝在西藏统治的代表。在明朝时期，萨迦派高僧贡噶扎西朝见了永乐皇帝，被封为"大乘法王"。由于该教派寺院围墙上涂有象征文殊、观音和金刚手菩萨的红、白、黑三色条文，故又被称为"花教"。

嘎当派，创建于1056年，该教派以修习显宗为主，主张先学显宗，后学密宗，其教法传播甚广，藏传佛教各教派均受其影响。但是当15世纪格鲁派兴起后，原嘎当派僧人和寺院都汇入格鲁派一派，从此嘎当派在佛教历史舞台上消失。

（二）活佛转世制度

"活佛"原指宗教修行中取得一定成就的僧人。直到活佛转世制度创立之后，它才成为寺庙领袖继承人的特称。

关于活佛转世制度的确立，有一个说法是这样的：公元1252年，蒙古大汗蒙哥封高僧嘎玛拔希为国师，并赐给其一顶金边黑帽及一颗金印。嘎玛拔希圆寂前要求弟子寻找一小孩作为转世灵童继承黑帽，以将本教派既得利益保持下来。他认为佛教意识是不灭的，能够经历生死轮回转世再现。弟子秉承师命，从此以后，黑帽系活佛转世制度就建立起来了，藏传佛教各教派也纷纷效仿，相继

建立了许多的活佛转世系统。这一活佛转世系统历经近八百年，仍在传承。其中，最大的两个活佛转世系统就是达赖转世系统和班禅转世系统。

达赖活佛转世系统创建于16世纪。清初，顺治皇帝封五世达赖喇嘛为"西天大善自在佛所领天下释教普通瓦赤咖恒喇达赖喇嘛"，从此"达赖喇嘛"的称呼正式确定下来，并传承至今。

班禅活佛转世系统则出现于1713年，清政府册封班禅为"班禅额尔德尼"。从此班禅转世系统也确立下来。

1793年清政府创建金瓶掣签制度，规定寻找活佛灵童的方法是：邀集四大护法，将灵童名字及出生年月，用满、汉、藏三种文字写于牙签牌上，放进瓶内，然后选派有学问的活佛，祈祷七日，最后在大昭寺释迦佛像前正式认定。金瓶掣签后，驻藏大臣、寻访灵童负责人要将掣签所得灵童的情况报告中央政府，经中央政府批准后，才能举行坐床典礼。金瓶掣签制度的确立，是对藏传佛教活佛转世制度的完善。

（三）扎什伦布寺的僧侣生活

根据相关资料介绍，格鲁派倡导显密兼修，先修显宗后修密宗，因此，初入扎什伦布寺的僧侣要分十三级依次学习五部经论，即因明学、般若学、中观论、戒律论和俱舍论。此外，僧侣还要学习宗喀巴及其弟子和格鲁派高僧为五部经论所著的论释。学完这些课程后，可申请参加学位考试。取得学位的僧人就有资格出任亿仓的堪布（相当于汉传佛教寺院中的方丈）。也有的僧人完成显宗的修习之后，继续入密宗扎仓修习更加精深的密宗经法。一个僧人要完成密宗的全部修习次第，往往要苦修数年以至数十年，因此不少僧人因种种原因中途辍修。

寺中僧人的职务可以分为以下几种：

一、修习显、密宗的学经僧人，藏语称"贝恰哇"，意即读书人。这部分僧人有机会通过学经阶梯，获取学位，成为候升僧官的人选。

二、受过各种宗教职业训练，专门在民间人事祈福禳灾、超度亡魂、念经占卜的僧人。

三、具有某种专门技能和知识的工艺僧。他们担负雕塑、铸像、绘画，以及刻印经书、医治疾病等项工作。

四、从事各种繁重劳动和差役的杂役僧。

以上四类都属于一般僧众，是僧侣中的大多数，他们之上是各级执事僧。另外，扎什伦布寺中还有活佛数十人，这些活佛全部都是由转世制度承袭而来的，是扎什伦布寺的管理者。

（四）扎什伦布寺现今的盛大节日

扎什伦布寺作为格鲁派在后藏最大的寺院，并且是历代班禅额尔德尼的驻锡地，在六百年的发展中，形成了自己独特的宗教文化环境，表现之一就是，扎什伦布寺的宗教节日极多，这些节日主要有：大祈愿法会、萨噶达瓦节、林卡节、西莫青波、天降节、扎寺阿巴扎仓朝佛日、展佛节、燃灯节。

大祈愿法会，也叫传大召，公元 1409 年由宗喀巴在拉萨首创。会期为每年藏历 1 月 4 日至 25 日。

大祈愿法会的主要活动有迎请护法神、辩经、诵经等。届时拉萨各大寺院僧侣和西藏各地的信徒云集拉萨，到大昭寺朝拜。节期每日发放三次布施。15 日夜晚，八象街陈列酥油灯、酥油花，供人观赏，人们歌舞欢庆，彻夜不息。法会最后以送鬼仪式宣告结束。在此期间，扎什伦布寺也举行祈愿大法会。

萨噶达瓦节，又称佛吉祥日，是藏传佛教的传统节日，意为月圆日。萨噶达瓦是佛陀诞生、成道、涅槃的吉祥日子。因各个教派使用的历法不同，所以具体日期还是各有差别的，绝大多数教派规定为每年藏历四月十五日为佛诞节，但安木多地区由于使用的是汉族农历，因此安木多地区的藏族人民以每年四月八日为佛诞节。

从萨嘎达瓦的第一天开始，人们就按约定俗成的环形线路行走、祈祷和预祝农牧业生产丰收，到藏历十五这天，藏族男女老少身着节日盛装，转经念佛，节日气氛达到高峰。萨嘎达瓦节历来沿袭着富人接济穷人的传统。

萨嘎达瓦节一般持续整整一个月的时间，节日期间也有许多风俗和禁忌，例如：笃信藏传佛教的藏族群众，都要朝佛念经，磕长头，禁止屠宰牲畜，积功德。虽吃牛羊肉，但他们不亲手宰杀；喝酥油茶时，主人倒茶，客人要待主人双手捧到面前时，才能接过来喝；忌在别人背后吐唾沫，拍手掌；经筒、经轮不得逆转；忌讳别人用手触摸头顶；进寺庙时，忌讳吸烟、摸佛像、翻经书、敲钟鼓；对于喇嘛随身佩带的护身符、念珠等宗教器物，更不得动手抚摸等等。

林卡节，日喀则人过林卡节，每年公历 6 月 1 日开始，一般 5—7 天。将逛林卡作为一个节日放假休息，则是日喀则地区的一大特色。

关于日喀则的林卡节的来历，还有许多古老的传说。相传在很久以前，日喀则城里的男人们要在春暖花开的日子一早骑着毛驴到远郊朝见"莲花佛"，而妇孺则带上食品聚集近郊，迎接观神得福的亲人们归来，然后汇集于路旁的林卡之中。后来，这一活动增加了比试坐骑毛驴及射箭等比赛内容，以丰

中国藏传佛教建筑

富节日内容和增加趣味性。

解放以前，只有大领主及生活较富裕的中上层人士能到林卡消暑度假。他们在林卡里穿着艳丽服装，搭起一个比一个高大的帐篷，露宿在林卡里狂欢，而在帐篷周围，却总有一群群衣衫褴褛的"帮古"（乞丐）和卖唱的流浪艺人眼巴巴地等待施舍。

解放后，西藏人民生活逐渐富裕，逛林卡已经成为其幸福生活的一个重要内容。每当林卡节到来前的三五天里，城里人家家户户都来到市郊的贡觉林卡、新宫林卡、达热瓦林卡早已搭好了的帐篷。帐篷大都是白色的，绣着蓝色的吉祥图案，朴素而美观。还有的人家就用帐闱围出一个小小的环境，帐闱颜色很鲜艳，五颜六色，美不胜收。人们在帐篷或帐闱里，架起炉灶，安置桌椅、野炊、娱乐，有时还观看电影、文艺演出和藏戏，进行传统射击、竞技比赛。班禅大师在此期间也在德庆格桑颇章宫居住十日，属下的僧俗官员随同前往。由于林卡节深受人们的喜爱，每年的林卡节已经成为日喀则人民法定的节日。

西莫青波，通常在藏历8月上旬举行。节日期间，扎什伦布寺僧人在公觉林夏宫举行大型跳金刚驱魔神舞盛会。跳金刚神舞的目的是为了驱逐敌魔、排除孽障，使众生来世永享神佛之依怙。跳神的表演者由班禅大师直属的孜滚康僧院的喇嘛组成，通常伴奏的乐队有100多人，其中3米多长的法号8支、金唢呐8支、铜钱16副、大羊皮鼓12面。一天跳16场，主神是具誓法王唐青曲杰；第二天又跳16场，主神为护法神岂丑巴拉；第三天唱藏戏，跳"噶巴"斧钺舞，跳狮子舞、牦牛舞、孔雀舞、六长寿舞，集西藏民间艺术之大成。

跳神结束后，还有深受人们欢迎的抢酥油炸面果活动。酥油炸的面果在跳神场一侧堆积成墙，所有的观众都向这面油炸面果"墙"冲过去，你争我夺，好一派热烈景象。按传统说法，谁抢的面果最多，谁的福气最大，因此都兴致盎然、积极参与，抢起面果来像摔跤比赛一般热烈非凡。除了抢酥油炸面果活动，神舞盛会结束后，要演唱十余日的藏戏，民众可以随意入内观看。

天降节，每年藏历9月22日举行。相传在释迦牟尼诞生的第七日，生母摩耶夫人因野外生产生病而离开了人世。摩耶夫人离世后其灵魂对其子很是想念，

扎什伦布寺

所以，释迦牟尼成道以后，为报母恩，前往天宫为生母说法，三个月后摩耶夫人从天宫三道宝阶下到人间。世人为了纪念释迦牟尼和他的母亲，在每年这天，开放寺院，广大僧众依照惯例诵经一天，向释迦牟尼像进香朝拜，接迎佛祖重返人间，弘扬佛法，普度众生。

扎什伦布寺阿巴扎仓朝佛日，即藏历12月22日。这一天平时关闭的佛殿一律会开放一日，引得远近信徒竞相来寺朝拜。另外，12月29日，寺院还举行跳金刚驱魔神和送鬼仪式，以示辞旧迎新。

展佛节，扎什伦布寺的展佛节为每年藏历5月14日至16日，由一世达赖喇嘛首次举办，至今已有五百多年的历史了。

展佛节期间，各地的信徒、香客都云集日喀则城，数不胜数的帐篷按照传统规矩驻扎在扎什伦布寺的周边，信徒们认为一睹佛容可以积累无上的功德。

矗立在扎什伦布寺北面的尼玛山腰上的展佛台，高32米、底长42米，是日喀则城里最高的建筑物。5月14日，扎什伦布寺展示过去佛、燃灯古佛巨像；15日，展示现在佛释迦牟尼的巨像；16日，展示未来佛弥勒强巴的巨像。由彩缎装饰的佛像高高挂在展佛台上，面幅甚至达到900平方米，显得气势宏大、威武壮观。人们在日喀则市区和年楚河平原的任何地方都能看到佛像。

燃灯节，每年藏历10月25日。传说藏历10月25日是藏传佛教格鲁派创始人宗喀巴大师圆寂成佛的日子，为了纪念这位杰出的一代宗师和祈愿大师赐予善良的人们以吉祥幸福，各黄教寺庙和信徒每逢燃灯节就要举行诵经、磕头、灯供仪式等隆重的祭祀活动，作为黄教的四大道场之一，扎什伦布寺也不例外。

这天晚上，在扎什伦布寺的佛塔周围、殿堂屋顶、窗台、室内佛堂、佛金、供桌上均会点酥油供灯，把寺庙照得灯火通明，远远望去，星星点点的供灯犹如繁星落地。俗家屋顶也要点亮单数盏的酥油灯，还有吃面疙瘩汤的风俗。

为了纪念大师和祈福，人们穿上节日的盛装，聚集在寺院前，高诵"六字真经"，向神灵磕头祈愿。男人们带上柏香树枝，到村旁的神塔前，向天空抛撒印有狮、虎、龙、鹏的"龙达"（风马），举行盛大的煨桑仪式。

（五）朗朗圣光照众生，悠悠佛乐洗凡尘

佛教从印度流传到中国，最古宣传弘扬的方法，只是翻译佛经。后来，云栖寺聪明的古德法师觉得只是靠佛经的翻译流通，不能够使佛教在广大的群众中推广和普及。因此，又创建了三种弘化的方法：即一是经文的朗诵；二是梵呗的歌唱；三是经文演绎成通俗的故事。在弘法的方法中，音乐的功用是很大的，它可以陶冶性情、修养身心，尤其是在宣传佛法上有极其重要的价值。众多的弘化方法中，用音乐来教化众生，是最方便的，佛乐的传播不分国界、民族、年龄、男女，只要是用心的人，即使听不懂和尚的唱赞，也会在梵曲声声中有所感悟，达到唱者与听者心灵的感应，例如丛林寺院里传出的钟声、念佛声，佛教合唱团播出的赞佛声、歌咏声，庄严、肃穆、柔和、恬远，都能激发起人们佛教信仰的情绪。

扎什伦布寺

藏传佛乐中的羌姆音乐、诵经音乐、习俗乐曲及葬礼音乐今日仍然沿袭传统藏族音乐特色，但是，各寺各教派又有自己独具特色的曲调、乐器、演奏技巧和记谱方法，各有一整套独特的理论和演奏体系。藏教佛乐的曲调最为丰富，有独奏、合奏及连奏三种，以铜钦及甲铃为伴奏；乐器主要是鼓、钹、法铃、胫骨号，多做伴奏之用。如引经、集体诵经曲、由觉域派开创的安魂乐曲（葬礼乐）、六字箴言曲及曼陀罗曲，均用宗教乐器伴奏，烘托了宗教活动所需的效果。

藏族的习俗音乐也是宗教的仪式音乐，例如著名的剧目《松赞干布和文成公主》《智美更登》《诺桑王子》《卓瓦桑姆》《赤松德赞》等都是由僧人来演奏和诵唱的；宫廷乐也是作曲、演奏、器乐和表演都十分成熟的音乐体系，现在其传统部分已被吸收到藏族各乐种及藏戏之中。五世达赖时兴起的"供云乐舞"，是宫廷乐舞，来源于拉达克，经改造后乐曲达五十多曲目，内容含有汉地苏武牧羊曲调等。这些宗教音乐至今多被沿用。演奏场所多在布达拉宫、扎什伦布寺、萨迦寺、龙王潭、八廓迎宝会以及昌都、察雅、止贡等寺内。一句佛号可以在悠悠的钟声中唱上千年，成为绝唱，永不乏味。

五、永恒的艺术，永恒的情韵

（一）扎什伦布寺与羌姆

羌姆是一种宗教舞蹈，也称"跳神"，它起源于西藏。关于羌姆还有一个生动有趣的传说：在佛教传入西藏之初，西藏开始建造第一座寺庙"桑耶寺"的时候，四面八方的飞禽走兽都奔走相助。众兽中有一头大青牛，勤勤恳恳地苦干，为建造寺庙作出了非凡的贡献。但是寺庙建成后，举办庆功大会，大家唯独忘记了邀请大青牛。大青牛羞愤至极，对天怒吼之后，用尽毕生的力气，撞向庙台死去。大青牛死后转世为吐蕃五朝时三大法王之一的赤热巴中的哥哥——达玛。他上辈子怨气未消，因此在继承弟弟的王位之后，下令杀戮僧侣，拆毁寺院，焚烧经书来进行报复，这导致了佛教面临崩溃边缘。这时，有一位有志僧人叫巴拉尔道尔吉，他勇敢非凡、机智过人。因为不甘达玛的暴政统治，他决心要复兴佛教，终于想出了跳羌姆除掉暴主的办法。他头戴面具，身穿黑色的袈裟，袖中藏弓箭，天天来皇宫附近跳舞，由于他的舞姿优美，凡是看到的人都赞不绝口。达玛听到了这个消息，非常好奇，也想看看这个奇怪的僧人的舞姿。于是，他下令让巴拉尔道尔吉到皇宫楼台下来跳。果然，达玛不知不觉中也被那优美的舞姿吸引，便将身体探出楼台好看得更清楚。这时，巴拉尔道尔吉趁机取出袖中的弓箭，射死了这个暴君。然后，他摘下面具对众人说："风可吹动土，土可盖过水，水可扑灭火，凤可镇压龙王，佛可压鬼驱邪。同样我也可以杀死罪恶的皇帝达玛。"事实上，在历史上，达玛确实是吐蕃王朝的最后一个王，而且他也是死于僧人的箭下。后世人们为了纪念这位为复兴佛教作出杰出贡献的大英雄，每年都在寺庙跳羌姆，表达人们打鬼驱邪、拔除不祥的愿望。如今，不仅在藏传佛教各不同教派的寺院中，有跳羌姆的习俗，在青海、甘肃、

中国藏传佛教建筑

四川、云南等藏族分布区以及与西藏毗邻的锡金、不丹、尼泊尔和印度北部、孟加拉国、前苏联东南部流传蒙古喇嘛教的广大地区，也都流传着这种奇特的舞蹈。

每年的藏历 8 月，西藏日喀则地区扎什伦布寺僧人表演的藏传佛教格鲁派羌姆，叫"色莫钦姆羌姆"，即观赏大型宗教舞蹈之意。公元 1647年（藏历第十一绕迥火狗年），第四世班禅罗桑确吉坚赞参照桑耶寺历年"曲足"宗教节举行的"莲花生八名号"舞蹈，为扎什伦布寺的护法神"赤巴拉"（六臂明王的随从、守护世界东方的神将之一）制定驱魔禳灾的仪式，从此建立了扎什伦布寺的羌姆，一直延续至今。

羌姆作为宗教寺庙的一种祭祀活动，不同于其他的宗教活动，它所要求的寺庙庭院、场地、面具、道具、服装都比较特殊，通过舞蹈来体现全部活动内容。根据袁兹在《西部时报》上的介绍，羌姆具体出场顺序、装饰特点、人员结构及道具是：

1. 道格希达（猛烈的意思）十三人。面具是大晓布拉（脑颅骨）的样式，上面有 5 个小脑颅骨，小颅骨上面三红色宝石有铜圈，穿没有领的袈裟，脚蹬长筒布靴子，其中袈裟是黑色带大钱花的蟒袍两件，带各种花的蟒袍两件，鸭蛋色各种花的两件，紫色两件，蟒袍浅绿色，有水纹和各种花的两件，蟒袍蓝色有花的一件，黑色蟒袍两件，手持的各个武器是有藏语传下来的术语。

2. 达月额赫（女佛的意思）有二十一人参加，戴面具戴头匣，在手上面戴盏，手持掏独把，身穿黄色有各种花的三件蟒袍，红色有各种花的蟒袍三件，黄色的有花的两件蟒袍，鸭蛋色有花的蟒袍两件，蓝色蟒袍一件，这些长袍的花多数是大钱花、水纹花和各种花类的，都没有领子，另外，还有一件女肩垫，脚蹬长筒布靴子。

3. 阿苏日（苍天的意思）四个人参加，面具、颈部红色的脑颅骨像人头那么大，有五绺黑髯，头上有黑色大盘头，红色短衣裤，腰围短裙，裙外有网状裙子，脚蹬长筒靴子，看起来特别雄壮。

4. 查干额布根（白男）面具就是土地爷面具，身穿羊皮塔乎（毛向外的白色长袍子）手持龙头拐杖，脚蹬龙头长筒靴子，看起来特逗人的样子。

5.阿日哈柱（这个羌姆中叫伊日根的羌姆就是汉族的羌姆）两个人参加，雄壮性的面具，头上有散发，身穿黑色缎子短衣裤，上面有大钱花，腰围各种艳丽色彩的长条裙子，裙子外围着网状户腰，脚蹬黑色有团花的长筒靴子。

6.图赫英（好英海，主管骷髅）四个人参加，两大两小，面具脑颅骨为白色，头上什么也没有，身穿白色短衣裤，手持红色棍棒。各种颜色的璎珞，脚蹬白色长筒靴子，跳羌姆时主要就是起丑角的作用，最逗人，场面上非常活跃。

7.恶日波海（蝴蝶）八个人参加，面具脑颅骨，上面有五个小颅骨，小颅骨上面是红色宝石（外围铜圈的），小颅骨和大颅骨之间的箍上还有宝石，身穿条花短衣裤（白色上黑花），戴手套（手套手心是红色，手背是白色），一手持摇鼓，一手持小敲棒。

8.哈兴汗（皇帝）面具人脑颅骨，光头，身穿黄色蟒袍，皇上打扮，脚蹬龙头靴子。

9.六个儿女（哈兴汗的儿女，四女、两男）六个人参加，有面具秃头，身穿各色艳丽绸缎、有花的长蟒袍，跟哈兴汗出场。

以上九部分人物都包含着佛的形象，因此他们的跳法和动作都是离奇古怪的形象。

羌姆是通过独舞、双人舞、群舞的形式来完成的。整个舞蹈，有的见功夫于腿部，有的见功夫于腰部，有的见功夫于肩部，也有的见功夫于臀部。如阿拉哈柱的双人燕碎抖肩、达日额赫的碎步、阿扎拉的拖转下腰、查干额布根的摔克等等。这些舞蹈动作既优美，难度又很大。由于羌姆起源于西藏，整个舞蹈中许多顺手顺脚的动作，明显带有藏舞的韵味。自传入蒙古地区后，随着时间的推移，社会的发展，加之蒙古自身固有的习俗，从而，逐步形成了蒙古本身的风格特点。可以说，羌姆是西藏故事题材加以蒙古化，又形成了和蒙古生活密切结合并具有蒙古风格和特点的舞蹈，也是藏族寺庙舞蹈在吉林郭尔罗斯草原的演变和发展。

跳羌姆的场地主要是在寺庙的庭院内，距寺庙半华里处有一个场地主要用于祭祀活动。在庭院内，庙名前画有直径分别为 15 米、11 米的大小两个圆圈，小圈在内，大圈在外边。跳羌姆的喇嘛都来自寺庙中且所有的动作都是在这两圆圈线上或圈内完成。就是说，场地的圆圈线对表演者有严格的限制，戴面具是羌姆在装扮上最突出的特点。除二十一个达日额赫戴头盔外，其余各个角色都分别戴着神态各异、形神兼备、生动逼真、栩栩如生的面具。面具分全面具和半面具两种，全面具有牛头、鹿头、狮子头、凤头等；

半面具有骷髅、死鬼、白老头等。使人看了如神鬼境地。羌姆的服饰豪华，多数服装都是绸缎蟒袍，款式独特，袖口呈喇叭状。据说是当年巴拉尔道尔吉跳羌姆，为了藏弓不易被发现而设计，所以，这种袖口一直沿袭下来。道具很别致，刀、斧、剑、戟等兵器都在一尺左右长，似像非像，这些道具的设计、制作都很精巧。

羌姆的伴奏均是吹打乐。乐件有寺庙大号、羊角号、螺号。打击乐件有鼓和大钹。大号长 5 米，声音深沉，发出"呜—呜"的声音。羊角号、螺号不经常使用，通常用于每场的开头和结尾。乐队的主奏乐件是大鼓和大钹。其中大钹是羌姆的指挥乐器。使用大钹的喇嘛必须掌握羌姆的全部过程和动作，因为跳羌姆的表演者是根据大钹的节奏变化表演的，所以，表演大钹的喇嘛一般都曾经跳过羌姆的主要角色，或是教练者。羌姆的乐队位置通常在庙台上，在庙门的左侧还有念经的喇嘛。

作为罕见的藏传佛教宗庙祭祀舞蹈，扎什伦布寺羌姆具有较高的研究价值，2006 年 5 月 20 日，日喀则扎什伦布寺羌姆经国务院批准列入第一批国家级非物质文化遗产名录。

（二）绚彩壁画，绝美的艺术珍品

在扎什伦布寺的许多大殿灵塔中，我们都可以看到色彩斑斓、栩栩如生的壁画，这是藏族人民的艺术杰作。例如，在强巴佛殿，我们可以看到佛祖传记壁画：在卧佛的前面绘有十几尊佛像，金刚、菩萨等守候在释迦牟尼身旁，他们神态自然，栩栩如生。在卧佛上面的天空则是九位仙女，表现的事件是释迦牟尼圆寂时地面有高僧相送，天上有仙女迎接。佛祖面如满月，双眼似睁似闭，嘴角露着微笑，对未来满怀希望的样子。虔诚的信仰、宗教的狂热，在壁画中得到了淋漓尽致的表现。

据李华东先生的《西藏寺院壁画艺术》介绍，松赞干布时期可能是西藏寺院壁画艺术的始兴阶段。这一时期，佛教从印度和内地两个方向传入西藏，佛教寺院开始在吐蕃兴建。为了镇伏西藏的诸方神魔，除了兴建著名的拉萨大、小昭寺以外，当时在吐蕃中部还修建了"四如寺""四厌胜寺"和"四再厌胜寺"。随着寺院的大量建造，壁画艺术空前繁荣起来，涌现出大批杰出的画工，壁画的艺术水平也得到了极大的提高。但是，此后因为战乱连绵，壁画艺术没有得到很好的发展，直到公元8世纪中叶，赤松德赞（755—797年在位）即位之后，开展佛教的复兴工作，寺院壁画艺术才开始进入一个新的发展阶段。西藏史籍《拔协》记载，当时桑耶寺的主殿三层均绘有壁画；甬道两侧绘有千佛贤颉出世图，八光明圣者像等宗教壁画，主殿周围的四大洲、十二小洲等建筑也绘有壁画。

吐蕃王朝末期，由于达玛的灭佛运动，吐蕃的佛寺遭到了很大的破坏。在这次浩劫之前的佛教寺院壁画，已经鲜有保留了。公元9世纪中叶，吐蕃王朝灭亡，西藏陷入长期的分裂割据时代，被称为佛教发展史上所谓的"黑暗时代"。

直到公元10世纪后半期，佛教的"后弘期"到来，佛教势力又兴盛起

来，寺院壁画艺术也得到了飞速的发展。此时，涌现出了一批杰出的壁画艺术家，代表人物有：萨迦派佛学五祖之一的13世纪佛教大师贡嘎坚赞、格鲁派的创始人宗喀巴大师、一世班禅克珠杰、加央顿珠、洛扎丹增罗布、绒巴索朗结布等，他们留下了大量宝贵的艺术珍品。在壁画的理论著作方面，《造像量度如意珠》是西藏第一部有关宗教绘画的理论专著，它是由杰出的绘画大师曼拉顿珠著作的；还有《拔协》《贤者喜宴》

《铁锈琉璃》等等优秀的作品也是在这一时期出现的。后世壁画绘制主要以《造像量度如意珠》《佛说造像量度经疏》《绘画量度经》《造像量度》作为规范。

在西藏壁画的流派上，大致可以分为"藏孜""康孜"和"卫孜"三大画派。"藏孜"是指日喀则地区的画，这是西藏形成最早的一个画派。"藏孜"画派的艺术特点是：构图大方，线条简练概括，色彩浑厚凝重，注重情节的刻画等。"康孜"画派主要形成于四川省甘孜藏族自治州一带，所以受汉族艺术影响也很明显，也有人称"康孜"是"甲孜"画派的，即"汉地画派"。"康孜"画派的艺术风格是：构图严谨，造型准确，人物刻画细腻，喜用重彩，因此给人以鲜丽华美的感觉。"卫孜"的意思是"中央画派"，因为该派以拉萨为中心，故也称"拉萨画派"。"拉萨画派"是伴随着黄教的兴起而发端的，所以它的形成相对前两派要晚。有一些高僧既是佛家大师又是这一画派的杰出人物，如宗喀巴、克珠杰、根顿珠巴、桑杰嘉措、曲英嘉措等，他们兼收"藏孜""康孜"两派之长，形成一种舒展大方、沉着稳重的风格。在对这三大画派的评价上，日喀则地区的一些老艺人非常形象地比喻道："康孜"是早晨（比喻清丽明快），"卫孜"是中午（比喻热烈鲜艳），"藏孜"是傍晚（比喻浑厚凝重）——这个比喻极其概括生动、又恰如其分地说明了三派的风格特点。

西藏寺院壁画的题材十分广泛，通常在寺院大经堂的门廊两侧多绘以四大天王、六道轮回、四瑞祥和图等。而主要墙壁上，常绘上释迦牟尼及佛传、佛本故事图等；护法神殿则为辟邪镇魔，壁画的主题多为金刚；佛堂的两边的壁画一般描绘观音、弥勒、文殊等菩萨。一般来说，释迦牟尼、八大菩萨、十六罗汉、四大天王以及诸护法神，都是必不可少的壁画内容。当然，寺院的教派不同，壁画描绘的本寺高僧也是不同的。壁画所描绘的题材具体可以分为：

佛传、佛经故事

如描写释迦牟尼一生的十二事迹，如兜率天下降、入胎、诞生、学书习定、婚配赛艺、离俗出家、苦行、誓得大菩提、降魔、成佛、转法轮、示涅槃等场景的"十二事业"。

高僧传记与诸佛肖像

如历史上著名的高僧莲花生、玛尔巴、米拉日巴等人的生平事迹在壁画中均有所反映。画师们按照有关典籍的规定，绘制了各种佛、菩萨、佛母、度母、空行母、天王、护法金刚、诸供养人像等。

宗教建筑与宗教活动

本寺的主要建筑是每座寺院壁画必不可少的内容，如桑耶寺主殿大回廊壁画，描绘了本寺的五十多座大小不同的殿宇。另外，各种宗教活动，如辩经、跳神、礼佛、弘法等活动也得到了生动的再现。

佛经教义

这些壁画以易懂的形式阐释了佛教的经义，如六道轮回、因果报应等。壁画将抽象的佛经教义具体地反映出来，易于僧俗群众理解，对佛教的传播起到了相当大的促进作用。

历史故事

喇嘛教绘画的特色是根据历史故事作画，在清代，这一特色最为突出。在西藏各寺庙的壁画中，都可以见到"藏王传""法王传""大师传"等历史传记壁画。另外，为人们所津津乐道的历史故事也是非常流行的主题，例如文成公主进藏，有的甚至还以连环画的形式描绘使臣禄东赞向唐朝求婚、文成公主修建大昭寺的故事。如布达拉宫还以生动的壁画形式反映了《清顺治皇帝接见五世达赖图》这一重大历史事件。壁画几乎反映了所有西藏的重大历史事件。

人物肖像

主要是历代吐蕃的赞普（藏王）、后妃、名臣、历代达赖、班禅及其他著名历史人物的画像。例如蒙古固始汗的画像，画师细致入微地再现了这位蒙古大汗的形貌。这些人物栩栩如生，再加上背景中精心渲染的山川树木、花卉云彩，极具艺术价值。

世俗风情图

藏传佛教的寺院壁画不仅描绘宗教场面，也描绘节日庆典、赛马射箭、行商开会、婚丧嫁娶等世俗生活场面，如桑耶寺武士比武图、布达拉宫的红宫修建图、桑耶寺乌孜大殿的体育竞技、古格古王宫红殿歌舞庆典图等。

吉祥花卉、植物及图案

藏传佛教的吉祥植物和图案很多，例如八吉祥图、七珍宝、和睦四兄弟、蒙人训虎图及其他数目惊人的图案纹饰等，这些都是寺院壁画不可或缺的好题材。

藏传佛教绘画十分讲究色彩的运用，所以壁画色彩艳丽、历久如新。壁画的选色方面，主要以红、黄、蓝三色为主，配以白色和绿色，形成强烈的色彩对比，这些色彩使整个画面富丽堂皇、鲜艳夺目，或是雅致清淡、协调统一。壁画的用色有着很强的象征意义，例如，经常使用的黄色象征和平、解脱或涅槃；蓝色象征威严或愤怒，多用于怒神；红色和橘色象征权势和统治世间的意义；而绿色象征丰收和富裕。

总之，藏传佛教寺院壁画以其磅礴的气势和超群的艺术力，赋予了人们圣洁而崇高的宗教情绪，让人感觉自己似乎进入了一个伟大的宗教世界。壁画所反映出来的艺术水平令人叹为观止。

（三）放生之善与美

为了教育人们慈悲为怀，拯救生灵，佛经中有"割肉喂鹰""舍身饲虎"的故事。在西藏，放生已经不是一件新鲜事，在扎什伦布寺也不例外。

每年藏历4月15日，是佛祖释迦牟尼诞辰、成佛和圆寂的日子，这期间，各寺庙喇嘛要长净，安居寺内，这是因为此时正是一切小生灵复苏活动的时候，人的行动难免踩死它们。在此期间，藏族百姓不会杀生，放生也尤为盛行。即使是让人厌恶的苍蝇，也只能放飞，而不能打死。

扎什伦布寺还有一大景观，那就是众多无主的鸡、狗、羊皆聚集于此，这也是被放生的。不光在扎什伦布寺如此，在西藏的许多寺庙，都有放生羊、放生鸡等，它们悠闲地晒着太阳，与人和平相处。这些动物没有专人看管，但它们备受众人宠爱，来朝拜的信徒都要给它们带好吃的，而且人们会把羊打扮得比一般的羊神气得多。有的"神羊"因天长日久，通得人性，并能善解人意，偶尔还能满足一点人们对它的崇拜之意。

关于放生羊，还有一个有意思的习俗：如果朝拜的信徒看到一只山羊神气十足地挡在路中间，都会给它好吃的。于是有灵气的山羊会站立在巨石之上，在朝拜它的人的头上用它长着长长胡须的嘴巴"摸顶"。凡被神羊触摸头顶的人都会非常高兴，因为他们认为能得到神羊的"摸顶"，是一件千载难逢的幸运事。这种习俗说明，羊在藏族人民心目中是吉祥的象征，尤其是寺庙放生的羊，更是受到佛祖的教化，沾染了吉祥之气。

信奉佛教的人们认为，一切生命都是平等的，这些平等的生命应该享有同等的权利，我们应该善待它们。而放生，一方面救助了弱小的生命；另一方面，也是赎罪，因为每个人都是生而有罪的。这就是佛家伟大的善。

（四）难以割舍的西域情怀

在素有"世界屋脊"之称的青藏高原，绵绵的山脉如同中华民族的有力的跳动着的脉搏，从北到南，由西向东，从阿尔金山到祁连山脉、从昆仑山到巴颜喀拉山脉、从喀喇昆仑山到唐古拉山脉、喜马拉雅山脉……孕育出悠久和灿烂的文明，除了有历史悠久的宗教文化艺术，还有壮丽的高原地理奇观、有趣的民俗风情景观、古老的历史文化遗存，这些不仅是中华民族精神财富的重要组成部分，而且是世界人类文化遗产的重要财富。如今，古老而又年轻的西藏正以它独特的魅力向世人敞开胸怀，热情欢迎来自四面八方的游客。